幼犬小學堂

Puppy 的飼養與訓練

愛撒嬌又黏人的小狗狗，總是讓人愛不釋手的想要多摸摸牠、抱抱牠，就算牠做錯任何事也不忍心責備牠。然而過於寵愛幼犬，會造成牠長大後完全不受飼主的控制，到那時才要矯正狗兒的行為，就得花費大量的人力和時間了！

教育愛犬要從小開始，《幼犬小學堂 —— Puppy 的飼養與訓練》一書中有許多專家傳授的簡易訓練方式，能讓幼犬聽從正確的口令，服從飼主的指揮。Puppy 的教養與訓練是必要的，及早調整牠的行為與習慣，才能讓你家小寶貝「彬彬有禮」並與你建立良好的互動關係。

中華傳統獸醫學會理事長
國立台灣大學獸醫專業學院教授
國立台灣大學獸醫學博士

郭宗甫

Contents 目 錄

最佳拍檔

如何選擇適合自己的幼犬

太棒了！你已經決定讓狗狗成為家中新成員，即將選擇一個可愛的小傢伙，共同分享生活中的點點滴滴，這真是令人興奮！你就像幼犬發燒友一樣，沉浸於挑選未來最佳拍檔的喜悅中。然而你一定要先冷靜，花點時間考慮一下，看看哪種類型的狗狗跟自己最速配！

同居新生活

為了確保你能挑到自己渴望已久的夢幻狗狗，而牠也把你當作最完美的主人，在下決定之前，最好花點時間做功課，將小傢伙的品種、體型、分類納入考量；唯有讓

幼犬迅速融入主人的生活型態，才能避免後遺症的產生。下文將針對血緣組成，粗略地將狗狗區分為三種類型：

純種名犬

系出名門的幼犬當然所費不貲，飼主在灑下銀子前，務必要仔細研究不同犬種的特性，深入瞭解各種狗狗的體型、性情、個性的差異，甚至要將某些特定犬種常見的疾病納入考量。以杜賓犬（Dobermann）為例，需要足夠的空間和運動量；但如果是體型迷你的吉娃娃（Chihuahua）就完全沒有這方面的困擾；至於查理士王小獵犬（Cavalier King Charles Spaniel）則是一般公認最理想的居家寵物犬。

雜交育種

由不同品系親代雜交而來的子代，其價格不會像血統純正的名犬一樣高不可攀。然而飼主在下決定

之前，最好先瞭解親代的特質，才能對混種幼犬未來的外型和個性比較有概念。一般而言，專業育種人士多半會選擇兩種各具特色的犬種進行雜交，擷取父母雙方的優點，甚至連名字都一併融合，創造出好記又響亮的新品種名稱，例如拉不拉多和貴賓犬雜交產生的拉不拉多貴賓犬（Labradoodle），可卡貴賓犬（CockerPoo）則是可卡獵犬（Cocker Spaniel）和貴賓犬配種的子代！

混種米克斯

　　只要親代其中一方是雜交或混種，子代就歸屬於這個類型，一般又稱為混種米克斯，也因為其血緣關係通常不可考，所以價格非常便宜甚至完全免費。米克斯幼犬長大後的外觀、體型、特質常常會讓飼主大吃一驚！就像人類的混血兒一樣，混種米克斯通常身體強健，比血緣相近的純種狗狗更具活力；而且個體間的外觀、體型、毛色天差地別，可能很大或很小，可能是長毛或短毛，當米克斯犬一字排開時，絕對是爭奇鬥豔各具特色！

邁向幸福的未來

　　不管你選擇什麼犬種為伴，雄壯威武的薩路基犬（Saluki）也好，樂天但其貌不揚的混種米克斯

也罷，只要你下定決心當個善待寵物的好主人，任何狗狗都會期盼和你維持一段長久而美好的伙伴關係！

將自己的生活型態納入考量

　　一旦你打定主意，從純種名犬或雜交、混種米克斯中，挑選出未來伙伴的血緣組成，接下來便進入下一階段，看看自己的婚姻關係、家庭組成和生活型態，應該要選擇什麼樣的犬種，成為未來生活中的最佳拍檔。千萬不要因為一時興起，欠缺周詳的評估，讓這段關係最後以悲劇收尾。

選擇幼犬的注意事項

　　在決定小傢伙的品種之前，最好將各種主、客觀條件納入考量：

- 你屬於精力充沛的過動一族嗎？你喜歡愛犬陪你散步，共同從事一些運動性的休閒活動嗎？
- 你們家小孩非常渴望養寵物嗎？
  - 如果家裡沒有足夠空間，你是否單純地只想養一隻可愛的小狗狗為伴？
  - 如果家裡擁有足夠的室內外空間，你希望和小狗狗一起分享嗎？

像蜜蜂般的過動兒

　　若你的活力旺盛，想要和寵物一起從事劇烈運動，同時也有充分的餘裕定期遛狗，或許可以選擇一些喜歡外出舒展筋骨的精力充沛型犬種，像是每天都需要大量運動的邊境牧羊犬（Border Collie），或是針對一些特殊運動像驅鳥或尋回遊戲等所培育的犬種，愛爾蘭水獵鷸犬（Irish Water Spaniel）就是其中之一。

溫和的紳士名媛犬

　　不喜歡運動或家裡有兒童的飼主，比較適合友善好相處的犬種；對前者而言，靈緹犬（Greyhound）就是理想的伴侶犬，雖然外表看起來像飛毛腿，跑起來速度驚人，但平常則是標準的懶骨頭，鎮日舒適地窩著，消磨時間，一點都不會黏著飼主不放！

超級黏人型犬種

　　某些狗狗的情感特別豐富，所以如果你比較偏好善解人意的可愛型寵物，或許可以先做點功課，研究一下五花八門的各式犬種，從中選取像西施犬（Shih Tzu）這種喜歡「愛的抱抱」的幼犬。

長毛獵犬

　　某些像黃金獵犬（Golden Retriever）這類型的長毛犬種，則需要定期打理毛皮；而嬌貴的貴賓犬（Poodle）大概每六週就需要接受寵物美容。如果你覺得自己沒有多餘的時間精力，也不想花錢打理愛犬的外表，類似邊境梗（Border Terrier）這些不需要花心思整理門面的幼犬應該是不錯的選擇；要是你打定主意，想要一勞永逸杜絕愛犬掉毛的困擾，甚至可以挑一隻墨西哥無毛犬（Mexican Hairless）！

　　如果你還是猶豫不決，不知道選哪種狗狗比較適合，或許可以參考第 12-13 頁所列舉的飼主生活型態解析，從中選擇自己未來的最佳拍檔。

推薦犬種

　　沒有兩個人會完全一模一樣，幼犬也是如此，本書針對不同的主客觀條件，將飼主歸類成五種型態，並整理出一系列比較適合的犬種，讀者可以根據下文的建議，選出最自己最速配的四腳朋友！

充滿活力的年輕夫妻或伴侶

大房子；遠離塵囂的郊區；愛犬可以不受牽繩束縛，從事各式各樣的活動。

有經驗的飼主；需要護衛／看門犬和伴侶犬。

比較速配的犬種：中至巨型犬

飼主不介意愛犬掉毛或流口水的問題	不需要特別花時間打理外表的犬種
阿富汗獵犬	尋血獵犬
蘇俄牧羊犬	鬥牛獒犬
伯瑞犬	杜賓犬
蘭伯格犬	英國獵鷸犬
長毛德國狼犬	大丹犬
紐芬蘭犬	愛爾蘭獵狼犬
粗毛牧羊犬	勒車犬
蘇格蘭獵鹿犬	指示犬
聖伯納犬	羅德西亞脊背犬
	洛威拿犬
	雪達犬
	短毛德國狼犬

熱情有勁的人格特質

房子和花園都很小；環境受限的住宅區；需要開車才能載愛犬到適當地點，讓牠得以解開牽繩盡情奔馳。

有經驗的飼主；需要與活潑快樂的寵物為伴，共同從事一些活動。

比較速配的犬種：小型犬

不需要特別花時間打理外表的短毛犬種	不會特別排斥幫寵物打理門面的飼主
波士頓梗	艾芬杜賓犬
吉娃娃	美國／英國可卡
傑克羅素梗	獵犬
蘭開夏步操犬	貝林登梗
短毛臘腸	邊境梗
惠比特犬	查理士王小獵犬
	丹第丁蒙梗
	瑪爾濟斯
	迷你／玩具貴賓
	博美犬
	西高地白梗
	約克夏

年紀稍長的夫妻或伴侶

體力有限；房子和花園都很小。
有經驗的飼主；需要護衛／看門犬
和伴侶犬。

比較速配的犬種：體型大小不拘，不過還是以小型犬為佳	
不需要特別花時間打理外表的犬種	不介意花很多時間打理愛犬門面的飼主
吉娃娃	比熊犬
中國冠毛犬	查理士王小獵犬
柯基犬	拉薩犬
丹第丁蒙梗	長毛臘腸
靈緹犬	瑪爾濟斯
義大利靈緹犬	迷你／玩具貴賓
巴哥犬	北京犬
史奇派克犬	西施犬

家中有幼童的飼主

大型獨棟別墅和花園；住宅區。
新手飼主；需要和善有趣的家庭伴
侶犬和看門犬。

比較速配的犬種：中至大型犬	
不需要特別花時間打理外表的犬種	不介意花一些時間打理愛犬門面的飼主
米格魯	長鬚牧羊犬
波士頓梗	伯恩山犬
靈緹犬	黃金獵犬
拉不拉多	紐芬蘭犬
史奇派克犬	粗毛牧羊犬
短毛牧羊犬	喜樂蒂牧羊犬
惠比特犬	

已屆中年的夫妻或伴侶

中等大小的雙拼別墅，配有大型花
園；郊區；喜歡散步和家庭旅行。
有經驗的飼主；需要體貼、有趣、
活潑的寵物為伴，共同從事一些短
程旅行。

比較速配的犬種：中至大型犬	
不介意花一些時間打理愛犬門面的飼主	不需要特別花時間打理外表的犬種
萬能梗	貝生吉犬
邊境牧羊犬	拳師犬
英國獵鷸犬	大麥町
黃金獵犬	杜賓犬
粗毛牧羊犬	靈緹犬
雪納瑞	匈牙利維茲拉犬
雪達犬	拉不拉多
哈士奇	法老王獵犬
標準型貴賓犬	指示犬
	羅德西亞脊背犬
	洛威拿犬
	短毛德國狼犬
	短毛牧羊犬
	威瑪獵犬

購買或認養幼犬的管道

既然你已經選定了和自己最速配的犬種，接下來的問題就是要到哪兒去找牠呢？市面上幼犬的來源非常多樣化，各有利弊，不過最後的決定權還是操之在你！

從何處取得適合自己的幼犬

目前可以購買或認養幼犬的來源非常廣泛，可以經由專業育種人士所刊登的廣告、寵物用品店、獸醫院的佈告欄、愛犬雜誌、動物收容所、親友等管道，從中尋覓理想的家庭新成員。如果你恰巧碰到適合的街頭流浪犬，甚至能夠不花一毛錢，輕鬆解決這個惱人的問題！

幼犬至少出生 6 週之後，在完全斷奶、能攝取幼犬專用飼料的前提下，再帶離母親身邊。如果可能的話，最好也曾接受初步社會化的薰陶，已經慢慢熟悉各式各樣五花八門的人群和其他動物。有些專業育種人士通常會等幼犬稍微大一點，能夠自主控制大小便，並施打過初期疫苗，再行販售。

專業育種人士

盡可能從一窩幼犬中挑選未來即將伴你左右的家中新成員，選一隻看起來比較健康的個體（請參閱 120-121 頁），活潑、外向、愛玩，充滿友善的氣息，一點都不怕生，能夠自信地走到你身邊！

親朋好友

藉由這種方式領養幼犬，直接取得親代的第一手資料，比較能掌握牠未來的樣貌。

動物收容所

從工作人員那兒盡可能多蒐集一點幼犬的背景資料；不過經由這個管道領養幼犬，飼主通常要有心

理準備，因為親代來源不明，所以很難掌握牠成犬的體型大小。

走失的流浪狗

在命運的安排下，你可能會遇到「被遺棄的」小小流浪犬，不過你千萬別以為這是天上掉下來的禮物，搞不好牠只是走失了！你可以先將牠送往獸醫那兒檢查，看是否有植入晶片，如果有的話，可以直接聯繫當地的動物防治所或有網路連線的獸醫院，追蹤這隻迷途小可憐的飼主，或是在附近的寵物用品店或獸醫院的候診室張貼寵物尋獲啟示；要是確定牠真的身世堪憐、無人聞問，屆時再收養牠也不遲。

寵物專賣店或繁殖場

專營各類型狗狗的買賣，為了追求經濟效益，一大窩幼犬被迫擠在不甚裡想的空間，因為交易頻繁，待價而沽的「商品」汰換率高，如果其中有個體染病，大大提升交叉感染的可能性。也因此，本書並不建議讀者經由這種方式購買幼犬。

幼犬的價格

幼犬的價格完全取決於種類和取得的管道。

專業育種人士

價格依據幼犬的品種和牠是否具備選秀特質而定，大約是寵物專賣店的零售價。

親朋好友

沒什麼行情價，可能完全免費，也可能非常昂貴！

動物收容所

領養者通常需支付結紮和疫苗接種的費用。

走失的流浪狗

免費！

寵物專賣店或繁殖場

依據品種或型態而定。

幼犬必備行頭

對很多飼主而言，養狗狗最大的樂趣莫過於幫幼犬血拼各種生活必需品；目前市面上充斥琳瑯滿目的寵物用床舖、碗、玩具、零食、項圈、以及五花八門的狗狗服飾，絕對會讓你的荷包大失血！

幼犬必備用品

在小傢伙踏入家門之前，你必須事先添購一些幼犬的生活必需品，因為飼養寵物的風氣盛行，相關物品的通路非常廣泛，包含寵物用品店、超市或網路等管道。在你打開荷包前，最好事先做好預算規劃，想清楚自己打算花多少錢，購

買哪種等級的商品，一分錢一分貨，商品的價差也會因此而有所不同。此外，你也可以幫愛犬舉辦一場別開生面的新成員歡迎派對（Puppy Shower），邀請親友共襄盛舉，並要求所有參加人員都幫小傢伙準備一份禮物；為了避免大家的禮物重複，你甚至可以列出清單，讓親友先行認領。

名牌
上面清楚標示飼主的名字和電話號碼。

裝食物和水的容器
慎選愛犬專用碗，稍微重一點，讓牠不能輕易打翻，而且材質一定要耐咬、易清洗；有愛心的養狗人士應該都不希望寵物腸胃堵塞或便便裡面出現一堆塑膠吧！除了飼料碗之外，飲用水的容器也很重要，至少要能滿足牠一天的飲水量。

愛犬專用小窩
不管是室內用籠子或另外購買

的狗狗專用床舖都可以，大小以能容納成犬的體型為主。

床墊

從寵物用品店購買全新的愛犬專用床墊，或直接以家中舊毯子取代。多準備幾條舊毛巾，一旦幼犬洗完澡或不小心弄濕了，可以用來擦乾毛皮，避免感冒。

愛犬專用玩具

磨牙玩具、球、各式各樣能發射零食讓幼犬自得其樂的狗狗專用玩具，都是深得小傢伙歡心的好玩意兒！

衛生清潔用品

寵物專用梳、刷子、洗毛精等；使用愛犬專用牙刷和牙膏定期幫牠清潔牙齒，以避免牙菌斑形成，引起蛀牙和牙周病等口腔方面的疾病。

項圈和牽繩

項圈的選用務必要以「人道」為出發點，寬度和重量必須搭配幼犬的體型，最好寬一點，材質以皮製或合成較佳。市面上宣稱具有控制愛犬功能的項圈（Half-Check Collar），其成效目前還未經證實，本書並不建議飼主使用。

狗糞鏟

也可以用舊塑膠盒或食物提袋取代。先把愛犬的糞便集中，再丟到允許放置狗狗廢棄物的垃圾筒

裡，或直接和家用垃圾一起清理掉；在事前最好和主管機關確認相關規定，以免觸法受罰。

其他常用配備

愛犬專用室內籠

有助於寵物的居家生活，當需要用車運送愛犬時，也很方便。

愛犬專用車內防護座

為了狗狗的行車安全，最好事先預作準備。

愛犬專用服飾

如果氣溫下滑，能讓短毛犬種或剛修整過毛髮的狗狗保溫。

上菜了！

「要抓住幼犬的心，先抓住牠的胃！」，定時定量、營養均衡的飲食，再搭配一些零食點心，這個可愛的小傢伙除了會死心塌地跟著你一輩子之外，同時也一併擁有健康、亮麗光滑的毛色、和炯炯有神的雙眼！

食物和飲水

幼犬每單位體重所需的卡路里是成犬的 2½ 倍，所以務必要提供這個成長快速的小傢伙正確的飼料種類，並掌控牠所攝取的食物總量。然而因為幼犬的胃很小，在每天固定食量的前提下，最好盡可能採取少量多餐的方式餵食。

此外，你也可以先行諮詢獸醫或培育幼犬的專業人士，他們大多

樂於提供一份營養均衡的食譜，內容涵蓋幼犬所需的各種食物、分量、餵食時間等。最好盡可能依照他們的建議確實執行，以免這個可愛的小傢伙因為消化不良所苦。除了每天的固態飼料外，也必須供應幼犬足夠的新鮮飲水。

均衡飲食

市面上專門針對幼犬所設計的飼料品牌通常很容易餵食，裡面包含小傢伙所需的一切營養成分；然而某些大型和巨型犬種，像是大丹犬（Great Dane），則需要特別的飲食配方，以防止幼犬成長太過迅速；也因此，一般常見的幼犬飼料不見得都適合這類型犬種，最好先諮詢獸醫的意見。總而言之，選用有名的大品牌，通常會比較有保障，因為裡面含有的人工添加物最少（特別是色素）。

狗骨頭和零食點心

　　在計算幼犬每日的熱量攝取時，務必要將零食的卡路里納入，以確保牠不會過度肥胖。

每天的食量

　　在此也再次強調，盡可能選擇少一點人工添加物的幼犬營養配方，以免某些幼犬產生行為或其他健康方面的問題。

　　此外，為了維持幼犬牙齒和齒齦的健康，最好多準備一些沒煮過的肉質大骨髓，或是由寵物用品店購買煮沸消毒的狗骨頭，讓幼犬啃一啃、磨磨牙。一旦磨牙狗骨頭開始變質或破損，就要馬上丟棄。然

而在骨頭選用上務必要注意，千萬不要把雞骨、鴨骨丟給幼犬，甚至其他動物的肋骨或排骨也不行，這些小骨頭可能會碎裂刺傷幼犬。

幼犬餵食建議：

- 斷奶到 20 週 四餐，並佐以嬰兒或幼犬專用配方奶作為宵夜。
- 20-30 週 三餐。
- 30 週到 9 個月 兩餐（依照品種和生長速度適度調整）。
- 超過 9 個月 一到兩餐。

　　千萬別忘了每天清洗幼犬的飼料和飲水容器，不乾淨的容器可能會讓小傢伙不吃不喝，因而造成健康上的隱憂。

舒適的居家環境

為了把居家環境打造成幼犬最舒適的豪宅，前置作業一定要確實，務必要將房屋內外徹底檢查一遍，除了讓愛犬遠離家中潛伏的危機，在未來得以健康快樂的成長之外，也能保障你的身家財產安然無恙！

避免貴重物品慘遭幼犬毒手

居家環境由你一手打造，對人類而言可能非常舒適，但不見得適合幼犬。要是你習慣將貴重物品四散在家中各個角落，在小傢伙到達之前，最好先行淨空，把東西收到牠碰不到的範圍。因為這些物件對幼犬都是新奇的玩意兒，如果一時疏忽，可能會造成牠健康上的隱憂。小傢伙就像好奇寶寶一樣，不管碰到什麼東西，都當成玩具，直接往嘴巴送。像這種狀況無可避免，只能藉由訓練，讓幼犬理解這些東西並非由牠所獨占，所以不能隨便亂動。

剛開始的過渡期，飼主務必保持冷靜

幼犬剛到家的那段期間，全家人一定都會興奮；儘管如此，你還是要壓抑住雀躍的心情，就算臉上的表情無法假裝，但還是要保持冷靜。務必要謹記，剛接觸新環境的幼犬，在初期一定會很緊張，所以有些狀況可能不如你所預想的那麼順利。因此，如果遇到一些出乎意料的事件，像是地毯上突然出現一灘水漬，你千萬要輕鬆以對，保持絕佳的幽默感，才能和初來乍到的小毛頭相處融洽！

快樂的居家生活

為了讓幼犬居家新生活有個好的開始，最好能預作準備，為牠打造一個安全無虞的舒適空間。

- 劃定一塊幼犬專屬區，降低這個小惡魔所造成的損害，盡可能搬出裡面的貴重物品，及一切可能會造成安全隱憂的東西，直到牠已經安頓下來，也能控制自己的大小便。

- 務必要謹記，幼犬體型小，身體非常柔軟，容易到處亂鑽，一不小心進得去出不來，可能會發生無法彌補的憾事；所以最好能封

閉一切牠能鑽進去的開口。

- 把電線移到幼犬不可及的範圍或做好安全措施，以避免小傢伙亂咬。

- 保持良好習慣，上完廁所之後，立即蓋上馬桶蓋，以防止冒險犯難的小傢伙爬到馬桶裡！

- 放洗澡水時，一定要先放冷水，再加熱水，以免幼犬貿然闖入。為了保險起見，隨時都要關上浴室門。

- 在所有家電或廚房用品上張貼告示，例如烤箱或洗衣機等，提醒每個使用者注意，在關門之前，務必要仔細檢查，因為這些地方就像小傢伙的私密空間一樣，牠極可能窩在裡面小睡片刻！

- 不要把食物或飲料留在幼犬可及的桌面上，小傢伙可能會爬上去偷吃！

花園安全守則

所有狗狗心目中的夢幻花園，裡面充滿各種令人興奮的味道、私密空間、縫隙通道，種種誘惑讓小傢伙迫不及待想要一探究竟。然而為了避免樂極生悲，最好事先做好預防措施，幫家中新成員打造一處安全無虞的冒險遊樂場！

塞住周遭縫隙

當你手頭上有事、無暇分身照顧幼犬，或許可以就近利用家中原有的花園，讓牠好好探索一番；但為了安全起見，在這個可愛的小傢伙到達之前，最好先詳細檢查四周環境，移除潛在的危險因子，以避免憾事發生。

幼犬動作靈巧，能通過非常狹小的縫隙，所以務必要裡裡外外巡過一遍，把小傢伙可能會鑽進去的所有通道都封起來，以確保安全無虞。因為這個不知天高地厚的小傢伙，如果不小心跑到外面，可能會染上疾病、被其他狗狗攻擊、遇到車禍，甚至會被偷走。

清除堆積的廢棄物

如果花園或庭院裡堆滿了廢棄物，那就不適合幼犬優遊其中，所以一定要移除任何潛在的危險因

子，像是垃圾、工具、碎裂的玻璃等。預防永遠重於事後的補救，花點時間打理四周環境，絕對能為飼主省下昂貴的獸醫診療費用！

如果你習慣使用除蟲藥丸或殺蟲劑清除花園害蟲，在往後的日子裡可能需要稍做改變，因為幼犬極可能誤食遭受污染的昆蟲，甚至直接接觸這些化學藥劑，危害自己的健康，所以一定要在小傢伙到家前一段時間，重新調整居家除蟲措施。

要是你不小心潑濺出一些化學

溶液，像汽車防凍劑、汽油等，絕對要在第一時間馬上清理掉。如果幼犬被特殊味道吸引，不管是直接舔食，或腳爪接觸後再用嘴巴清潔，這些有害物質都會進入牠的消化系統，對健康造成負面影響。

為了提醒家中訪客注意，最好在花園掛上警示牌「內有幼犬，請隨手關門！」

植物和水池

很多植物含有對狗狗有害的物質，所以飼主最好先花點時間做功課，不管是直接移除或以柵欄圈圍，徹底隔絕幼犬和這些有毒植物接觸的機會。

花園裡的水池或游泳池，對喜歡冒險犯難的小傢伙而言，都具備一股無法抗拒的吸引力；然而要是幼犬不小心跌落水中，無法脫困，可能因此而溺水。為了以防萬一，最好在花園水景底下，設置一處止滑坡道作為緩衝區；但如果有實務上的困難，或許可以在四周直接以柵欄阻隔，讓小傢伙無法越雷池一步，甚至在無人陪伴的前提下，不准牠進入花園。此外，裝滿雨水的水桶也是潛在的危險因子之一，甚至其他室外的防水容器也是一樣，一旦使用完畢就要收好或倒扣。

寵愛這個可愛的小傢伙

除了幫幼犬打造一座安穩舒適的天堂之外，還要搭配每天固定的娛樂時間撫慰心靈，定期運動以維持健壯的體魄，再加上美味佳餚滿足口腹之慾；這些就是牠最基本的生活需求，只要事前做好完整規劃，往後的回饋絕對讓你大呼值得！不只愛犬開心，你也會沉浸在幸福的氛圍裡。

試著理解狗狗的心態

有時候你會克制不住，想要極盡所能地寵溺這個可愛的小傢伙，但換個角度來看，狗狗真正需要的

和你所設想的可能會有些落差，最好還是以牠的觀感為主，否則不但浪費你的心意，還會造成愛犬過多的負擔。

幼犬不會因為脖子上戴著鑽石項圈而驕傲自滿，一條尼龍項圈對牠來說也是一樣的。飼主購買項圈需要考量的關鍵，應該是尺寸和材質是否符合幼犬的需求，貼身又舒適，讓牠幾乎忘了項圈的存在！同樣地，就算是世界上最豪華的狗狗床舖，如果放錯地方，像是通風口或散熱器旁，可能也無法博取小傢伙的歡心。

「大處著眼，小處著手」，試著從幼犬的角度把一些小細節處理好，幫牠打造一個全世界最溫馨舒適的居家環境！

以務實的態度面對

飼主當然有寵愛自家狗狗的權

利，但千萬別因為溺愛而害了牠；舉例而言，當你正享用美味的咖哩、大口喝下冰涼的啤酒、再加上一份巧克力布丁，生性貪吃的幼犬等在一旁流口水，也想分一杯羹，接下來牠勢必會用盡一切手段，想要跟你一起分享佳餚，甚至毫無節制，一口接一口！

然而這類型的食物並不適合幼犬，事實上巧克力對狗狗有致命的危險，不管年齡大小都會受到影響；而且上述飲食含有辛香料、酒精，多少會造成腸胃脹氣，讓幼犬覺得不舒服，甚至引起腸胃方面的問題。

這個可愛的小傢伙要求的也不多，只要不會有令牠不愉快的後遺症，飼主單純地花個五分鐘陪牠在花園玩耍，就足以讓牠高興個老半天！

完美的客房服務！

幼犬根本不知道什麼是罪惡感，因為牠無法理解這種感受；然而牠害怕恐懼的反應，卻被很多飼主誤以為是自責的表現。同樣地，在午茶點心時間，飼主也會把幼犬懇求的眼神，解讀成牠正忍受極度飢渴的痛苦；但其實你們家那個聰明的小傢伙，正一步步把你引入圈套，讓你為牠提供周到的客房服務！

把人類的感受和需求加諸在幼犬身上（也就是所謂的擬人化），只會造成兩敗俱傷的結果，就讓你們家小傢伙適性發展，當一隻快樂的狗狗，才能有雙贏的局面！

糕餅製作

如果你擁有一身好廚藝，或許可以試著幫幼犬準備一些特別的零食點心。點心的做法並不難，且都是自己準備的新鮮材料，所以不需要擔心裡面含有過多的色素和其他人工添加物。

親親小狗窩餅乾

這些健康的狗餅乾能讓幼犬保持口氣清新！

成品 8 ～ 10 塊狗餅乾
準備時間 15 分鐘
烘培時間 40 分鐘

125 克（4 盎司）中筋麵粉，最好量稍多一點以備揉麵之用。
25 克（1 盎司）粗磨玉米粉。
2 湯匙乾薄荷。
3 湯匙乾荷蘭芹。
50 毫升（2 液體盎司）開水。
6 湯匙植物油。
葵花子少許。

1 烤箱預熱到 180℃（350 ℉），溫度等級 4；如果家裡沒有不沾黏烤盤，也可以直接在一般烤盤上塗油。除了葵瓜子之外，所有材料都倒入大碗，均勻混和。

2 在工作台灑一些麵粉，把麵團取出，捏成 0.5 公分厚的麵皮，再用餅乾模子切出固定形狀。

3 用葵瓜子裝飾餅乾表面，再放進烤盤；等到表面稍微轉成棕色即可。

4 將狗餅乾靜置於溫暖通風處幾小時，等完全乾燥後再放進密封的容器內，以保持口感酥脆。

愛犬專屬生日蛋糕

藉由這個氣派又別緻的酷狗狗專屬蛋糕，慶祝幼犬生日，這一定會讓小傢伙樂翻了！不過千萬別把牠寵壞了！在熱量攝取方面，狗狗的健康保健和人類相同，一些高糖分的零食點心，盡量保留在特殊場合使用，以免愛犬成為三高一族！

準備時間 10 分鐘
烘焙時間 30 分鐘

175 克（6 盎司）自發全麥麵粉（全麥麵粉混和泡打粉）。
50 克（2 盎司）德麥拉拉蔗糖（一種產於西印度群島的淡棕色砂糖）。
2 湯匙脫脂奶粉。
2 顆蛋，小一點的，打散備用。
5 湯匙冷開水。
2 大湯匙清蜂蜜。
4 大湯匙瑪士卡彭起司（Mascarpone Cheese）。
裝飾蛋糕表面的狗狗專用巧克力；生日蠟燭和托架。

1 將烤箱預熱到 180℃（350 ℉），溫度等級 4；準備 2 個 18 公分（7 英寸）的蛋糕烤盤，內層塗油後備用。

2 除了蜂蜜、起司和巧克力之外，其他材料都放入大碗裡，均勻混和。將麵團均分倒入烤盤，再放進烤箱烘焙。如果用金屬叉刺進蛋糕中心，叉子上沒有沾上麵團，就表示已經烤好了，接下來就能取出蛋糕倒扣到金屬網架上冷卻。

3 使用切邊刀將其中一塊蛋糕的上緣修切平整。

4 混和蜂蜜和 3 湯匙的起司，均勻鋪在修整過的蛋糕面上；把另一塊蛋糕置於上方，再用剩下的起司塗抹在表面上。

5 拿出狗狗專用巧克力裝飾蛋糕表面，並插上合宜的蠟燭數；在你幫愛犬吹熄蠟燭的當下，千萬別忘了幫牠許個願望喔！

跳蚤和寄生蟲

你知道幼犬身上也會養一些「寵物」嗎？飼主沒有採取適當預防措施，這些蟲蟲大軍很快就會攻占愛犬全身。跳蚤和蛔蟲是狗狗身上常見的寄生蟲，會讓小傢伙搔癢難耐、痛苦不堪，甚至病懨懨的，所以務必要做好寄生蟲防治。

寄生蟲問題

定期驅除幼犬體內的寄生蟲以及施用除蚤劑，有助於維護牠的健康。如果沒有採取必要的防治措施，這些狗狗體內外的寄生蟲會迅速增生，讓牠看起來病懨懨的。

如果幼犬遭受跳蚤侵擾，可能會出現心情煩躁、過度搔癢、皮膚出現紅斑潰瘍等症狀，嚴重時甚至會造成貧血。

狗狗體內最常見的內寄生蟲包含蛔蟲和條蟲，一旦感染，可能導致營養失調或內臟方面的問題。如果幼犬的身體瘦弱，但腹部卻很飽滿，或是常常以臀部著地四處磨來磨去，這就是寄生蟲感染的典型症狀。在你第一次帶幼犬回家的前一兩天，最好先幫牠驅蟲，以防萬一。

如果可憐的小傢伙不小心遭受感染，可能會排斥和人的接觸，甚至對你不理不睬；所以務必要做好跳蚤和寄生蟲的防治工作，才能保障你和牠的生活品質。

清除蟲蟲大軍！

還好讓幼犬免除蟲害的工作並不困難，一般獸醫都能提供這方面的專業建議，或有效驅除跳蚤或寄生蟲的藥劑；通常他會先幫幼犬進行全身檢查，之後再開立適合的治療處方。

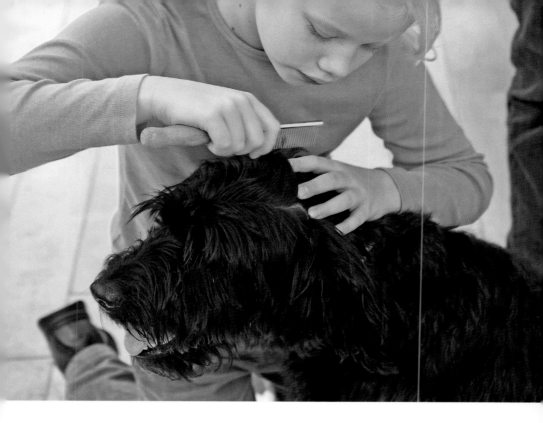

驅蟲藥通常是藥片或藥粉，可以將藥劑混合一些罐裝肉泥餵食幼犬，讓投藥過程更為順利。

目前較具成效的跳蚤防治法包含口服配方、注射、塗抹在身體特定部位的外用藥等；這些處方可以直接擠入幼犬皮膚的特定區域，讓牠沒辦法舔拭，像是兩側肩胛骨之間，就是常見的投藥位置。

除蟲大計的關鍵

- 在幼犬驅蟲的療程當中，必須要先確認家中其他貓狗寵物體內外沒有任何寄生蟲，否則極可能發生交叉感染，無法徹底杜絕蟲害問題。

- 每天都要吸地板、清掃四周環境，特別是踢腳板附近、散熱器下方、狗狗睡覺的地方，幼犬只要經過或逗留，一下子就會沾染跳蚤或蟲卵，所以務必要保持乾淨，房屋內外和地毯都不能有跳蚤出沒。每次吸完地板後，都要清洗濾網，以防蟲卵在裡面孵化，再次鑽到地毯上。

- 每週都要清洗幼犬的床墊，徹底清除跳蚤的蟲卵。

幼犬疫苗注射

為求心安，並且讓你珍愛的小寶貝頭好壯壯、身體健康，最好預先帶牠接受疫苗注射，做好完善的防治措施，避免染上犬隻常見的疾病。幼犬的抵抗力差，特別容易感染各種犬隻傳染病，這些疾病每年都有發病高峰期，預防重於治療，所以事前一定要做好最佳的保護措施！

致命的疾病

獸醫一般都會建議幼犬接種疫苗，以抵抗四種致命的犬隻傳染病：犬瘟熱（Distemper Virus）、腺病毒所引發的肝炎（Adenoviral Hepatitis）、犬小病毒（Canine Parvovirus）、犬鉤端螺旋體（Leptospirosis）；其中後者的帶原者主要是老鼠，並且會和人類互傳。

此外，幼犬可接受的預防注射還包含抗犬副流行性感冒（Canine Parainfluenza）以及博德氏桿菌（Bordetella Bronchiseptica）的疫苗，這些疾病或病毒傳染原會引發犬隻呼吸道傳染病，尤其好發於集中管理的狗舍；因此，飼主如果打算將家中小寶貝送往寵物旅館或讓牠參加選秀會，通常就須要施打這類疫苗。

注射疫苗的時機

為了讓幼犬擁有適當的抵抗力，飼主最好事先帶著小傢伙接受兩種多合一疫苗注射，第一劑大約是 6 ～ 8 週齡，第二劑則必須等牠至少 10 週齡，疫苗接種間隔至少要 2 ～ 4 週；爾後的追加補強疫苗注射，最好先諮詢獸醫的專業意見再作打算。有些國家明文規定所有狗狗都必須接受狂犬病（Rabies）疫苗注射，但在其他國家，只有當飼主想要帶寵物出國渡假時，才有這個需求；也因此，如果你未來有帶小傢伙一起出國旅遊的打算，務必要先請教獸醫這方面的相關規定。

除非幼犬已接受疫苗注射，具有相當的抵抗力，否則最好不要帶牠出門散步，以避免和其他染病動物接觸。

可能的副作用

　　近幾年，動物保護意識高漲，飼主越來越關心疫苗安全性的問題，特別是幼犬和年紀較大的成犬；相關研究指出，接種疫苗可能會導致狗狗的免疫系統受損，為了以防萬一，當幼犬有下列情況時，最好不要進行接種：

● 如果小傢伙生病，抵抗力大幅降低，免疫系統無法對疫苗產生適當的反應，反而會讓病情惡化。

● 要是幼犬正在接受某種療程，可能也會影響牠對疫苗的反應。

　　平心而論，獸醫大多還是會建議飼主，讓幼犬接受預防接種，事先架起一道免疫防線，以免遭受傳染病侵襲。

　　至於備受爭議的犬鉤端螺旋體疫苗（Leptospirosis Vaccine），因為常常會引發不良反應，如果飼主缺乏信心，在例行性預防注射中，也可以直接跳過這一劑。

第一印象

帶幼犬回家

　　建立良好的第一印象，才能讓這個可愛的家中新成員把你當成一輩子的好朋友！你接送牠回家的方式，使用什麼交通工具，如何讓牠安頓下來，這些細節都是非常重要的關鍵。「要怎麼收穫，先怎麼栽！」，唯有事先周詳的計畫，才能讓這段美好的友誼開花結果！

適當時機

　　不只你自己本身，家中其他人也要嚴陣以待、保持冷靜，共同歡迎小傢伙的到來；如果你正在搬家或身體微恙，也不用心急，最好等一切都安定下來，再把小傢伙接回家。

　　幼犬剛到家時，至少要給牠幾天適應期，讓牠慢慢穩定、覺得有安全感；如果可能的話，盡可能在你休假前一天的白天或傍晚去接牠，這樣比較有充分的時間彼此瞭解。

安全地帶

　　忽然轉換一個陌生的新環境，涉世未深的小毛頭心裡當然會很害怕，所以飼主有責任要讓牠覺得既舒適又有安全感。盡量選用安全性高的寵物運輸籠或旅行用攜帶箱接送幼犬，這樣不但可以減少麻煩，

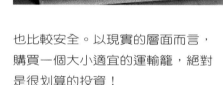

也比較安全。以現實的層面而言，購買一個大小適宜的運輸籠，絕對是很划算的投資！

籠子大小最好以小傢伙長大後的體型為主要考量，讓牠能舒舒服服地待在裡面，不過當然也不能太大，一定要能放進車內。

為了方便清理，可以在運輸籠或箱子底下鋪一層塑膠布和吸水材質的襯墊，像舊報紙就適合。在籠子角落，利用寵物專用毯這類軟性鋪墊，佈置一個溫暖舒適的小窩。

一旦你把小傢伙接回家之後，還可以好好利用這個運輸籠，作為幼犬未來的專屬空間，讓牠可以在裡面好好休息不受打擾（請參閱 40-41 頁），這樣一來，你就不需要再買另一個狗狗床鋪。此外，室內用籠子也有助於幼犬的大小便訓練（請參閱 42-43 頁）。

放輕鬆！

在你接送小傢伙回家的途中，一定非常雀躍，但千萬要注意，小心駕駛、慢慢開車，不要讓牠左搖右晃，把車子和不好的記憶連結在一起；為了避免幼犬暈車，最好事先準備一捲廚房用紙巾和塑膠袋，如果有什麼意外發生，這些東西就能派上用場。

溫馨居家生活

帶著可愛的小傢伙跨進門檻，走入牠未來的溫馨小窩，你們即將展開美好的新生活，這種感覺真令人興奮！儘管幼犬適應力超強，很快就能安頓下來，但如果飼主能遵照以下建議，相信牠會更快融入全然陌生的新環境。

剛開始要如何因應

面對陌生的一切，小傢伙剛開始的幾小時，甚至接下來幾天都會很緊張，為了舒緩牠不安的情緒，家中的人事物都要盡可能保持平穩沉靜；然而如果家裡有一群興奮的小鬼頭，完全靜不下來，無時無刻想要抓著牠、摟著牠，這根本就難如登天（請參閱50-51頁）！

一旦到家了，務必要馬上帶小傢伙到花園或庭院待上幾分鐘，等

牠上完廁所之後，記得要好好讚美牠；這也是訓練幼犬自主控制大小便的開始。

跟幼犬一起在室外玩個小遊戲，接著再鼓勵牠回到室內，讓牠自行探索新家裡裡外外，爾後再由你領著小傢伙走向你先前已經幫牠備妥的溫馨小狗窩。

幼犬的小小狗窩

小傢伙專屬的室內休息空間，應該選在家中比較僻靜的角落，盡可能降低牠適應新環境的壓力。除了要提供新鮮飲水之外，整個環境也要佈置得很溫馨，讓牠可以舒舒服服一覺到天亮！此外，你也可以在裡面放一些零食，藉此吸引幼犬；有吃、有喝、又舒服，小傢伙當然會認定這就是牠安居的好地方！

你也可以在幼犬的小窩裡放一個活動式玩具，讓沉浸於玩樂的小

傢伙無暇顧及周遭陌生的景象、聲音、味道，只要沒多久牠就會漸漸習慣，原本緊張的情緒也會慢慢緩和下來。

幼犬需要長時間的睡眠

幼犬和人類小嬰兒一樣，需要長時間的睡眠，所以當小傢伙在休息時，最好不要打擾牠。如果睡眠不足、精神疲憊，幼犬可能會比較暴躁，甚至出現行為異常的問題。

幼犬前幾週的生活作息，大致不脫離吃和睡，再穿插一些遊戲時間。雖然情緒高昂的你，總忍不住想要和牠永遠膩在一起，不過小傢伙才剛到沒多久，尚未完全適應新環境，心情還是有點緊張，所以還是盡量避免讓牠過度疲勞。

安全第一！

過度光滑的地板也是潛在的危險因子，如果幼犬興奮地四處跑跳，很容易滑倒或受傷，所以務必要讓牠遠離這種地板或在上面鋪設地毯止滑。在光滑的木質地板、塑膠地板或亮面磁磚上，狗狗的腳掌沒辦法著力，所以千萬要小心。

做好周全的預防措施，才能避免遺憾發生！為了避免幼犬從樓梯上跌落下來，最好用嬰兒用柵欄徹底隔絕牠上樓的機會。

佈置幼犬專屬床鋪

經過第一天的相處，你和牠都忙翻了！接下來你們都需要好好睡一覺，才能應付隔天早上接踵而來的瑣碎雜事；以下的建議能確保飼主和愛犬雙方面都能擁有充分的休息、香甜的美夢，儲備精力，面對嶄新的伙伴關係！

累垮了！

就寢時間一到，小傢伙的精神漸漸不濟，看起來睡眼惺忪；在最後一次餵食之後，先帶牠到花園上廁所，如果幼犬很快地解決，記得要好好讚美牠，並讓牠安靜地閒逛一會兒。

等時間差不多了，再輕柔地抱起小傢伙，放回牠溫暖的小窩（請參閱 40-41 頁）；或許可以事先在裡面放一塊零食，藉由這個小技巧，讓牠將就寢和獨處這些事件，與一些美好的回憶連結在一起。此外，務必要提供足夠的新鮮飲水，以免牠半夜口渴，卻找不到水喝；最好再放一個質地柔軟的狗狗專用玩具，讓小傢伙舒服地依偎著，就好像和牠同胎出生的兄弟姊妹（然而，千萬要特別注意，如果幼犬露出想咬玩具的意圖，那就必須移開玩具，以免牠吞入纖維，產生致命的危害！）為了解決這個問題，可以再準備一個小傢伙最喜歡的磨牙玩具，藉此轉移牠的注意力，在牠清醒期間，就不會亂咬牠的「好兄弟」！

床友

在小傢伙剛到的第一個禮拜，你可能希望把牠的小窩放在自己的床邊，往後的一個月內再慢慢移到牠專屬的空間。剛到新家的首夜，遠離媽媽和兄弟姊妹的小傢伙心裡一定很害怕，如果有你的陪伴，牠應該會好過一點。在小傢伙需要你的當下，只要一個溫柔的字句，就能讓牠稍微放鬆一點。儘管如此，你還是要特別當心，千萬不能矯枉過正、安撫過度，以免養成牠依賴的壞習慣。

除非你打算讓幼犬永遠待在自己的房間睡覺，否則最好不要把牠的小窩一直放在那兒；長久下來，小傢伙習以為常，屆時你再想把牠趕出房門就來不及了，牠可能會因此而大吵大鬧，造成無法收拾的局面！

幼犬夜尿的需求

如果幼犬晚上睡覺卻突然醒來吵鬧，試圖想要離開自己的小窩，這可能是因為牠想尿尿，所以你一定要趕快把牠帶到室外，不要讓牠一直亂叫；等小傢伙解放過後，再帶牠回小窩睡覺。

盡量避免過度安撫的行為，如果幼犬不是因為尿急而低嚎，牠純粹只想引起你的注意，你千萬不能每次都在第一時間獻上愛的抱抱。大概一週左右，小傢伙就能適應、睡得安穩，擁有香甜的美夢！

幼犬專屬小狗窩

剛開始如果能訓練小傢伙安適地待在自己的籠子裡，將可讓牠更快融入居家生活當中。溫馨的小房間、幼犬專用柵欄或籠子、木板釘成的箱子，不管形式如何，只要佈置得宜，都可作為牠的床鋪；只要小傢伙累了，隨時都能返回自己靜謐安全的避風港！

基本配備，一應俱全！

剛開始室內用籠子的感覺可能很像監獄，然而幼犬才跟著你回家沒多久，這個輔助工具能有效阻隔其他人對牠的過度驚擾，除了能用於大小便訓練之外，當要運送幼犬往返不同定點，對牠而言，也是最安全的保護措施。此外，如果你需要將幼犬介紹給家中其他寵物認識，最好先讓牠待在籠子裡，以免發生意外。

一旦小傢伙已經知道如何控制大小便，也很熟悉自己的新家，這時室內籠子就能暫時功成身退，只有在少數狀況，像是要接送牠前往獸醫那兒，才需要拿出來使用。

讓幼犬的小窩充滿誘惑

唯有正確地使用室內用籠子，讓幼犬留下美好的第一印象，牠才會把這個地方視為自己安全的避風港，而不是限制牠行動的監獄；因此，最好在籠子裡放一張軟綿綿的床墊、一些玩具和零食當成誘因，吸引小傢伙自發性進入籠子，之後也不需關上籠門，讓牠可以自由進出。在就寢時間之前，如果能和幼犬玩個幾分鐘，消耗牠的精力，接下來再帶牠回到安適的小窩，疲憊的身軀、眼前無法抗拒的誘惑，絕對會讓小傢伙乖乖就範，直接進入籠內一覺到天明！

慎選放置籠子的地點，最好是屋內一個安靜的角落，但也不可以太過疏離，讓小傢伙既不會受到打擾，也不至於有被遺棄的感覺。千萬不要把籠子放在陽光直射的區域，甚至太熱、太冷的地點也不行，例如散熱器或是門窗通風口的旁邊。

如果能在籠子裡餵食，幼犬會更習慣待在裡面；但千萬要記得，當牠吃飽後，通常會想上廁所，而

狗狗的習性通常不會在自己睡覺的地方大小便，要是讓牠在籠子裡待太久，忍不住就地解決，爾後就不會再主動進入籠內。因此，籠門一定要隨時保持開啟的狀態，要是把小傢伙關在籠子裡太久，可能會引發行為異常的問題。

安居的好地方

給幼犬一個互動式玩具或一些零食，讓牠開開心心待在籠子裡，這樣小傢伙才會把這個地方當成自己的小窩；善用正向回饋機制，才能有效激發幼犬進入籠子的動機，所以千萬不能把籠子當成「處罰禁閉區」。

就算你待在家裡，也可能無法全程陪伴幼犬，所以要讓牠習慣獨處，最好採用循序漸進的方式，漸漸延長待在籠內的時間，從幾分鐘到半個小時。不管任何時間，只要你想讓牠回到籠子裡，可以試著以一個特定的字眼或句子表示，多練習幾次，等牠習慣之後，當牠聽到你發出的訊息，就會自動地回到籠子裡面。

一旦幼犬已經習慣待在自己的小窩之後，就要移除任何牠可能送進嘴巴磨牙亂咬的物件，直到牠戒除這個壞習慣為止（請參閱 152-153 頁）。

大小便訓練

幼犬需要被引導才能漸漸習慣在室外自然而然地大小便，如果你住在公寓，不能直接讓牠在室內地板就地解決，就必須訓練牠把劃定區域當成廁所。聰明的小傢伙很快就能學會如何自主控制大小便，不過在剛開始你也要多點耐心，面對一些意外狀況時，千萬要輕鬆以對，不能亂發脾氣！

萬事俱備！

就跟人類小嬰兒包尿布一樣，當幼犬尚未能自主控制生理需求之前，牠每天大小便的次數還是很頻繁；在這段過渡期間，最好在牠活動區域範圍鋪報紙，一旦有什麼意外，也比較好清理。

小傢伙尿急時的症狀如下：牠可能會在地板上來回踱步、不想乖乖待在籠子裡、不斷哀嚎、一直想走到門口。一旦幼犬四處徘徊，想

要尋找一個僻靜的角落，那個時候你就要特別留意，牠極可能把那個地方當成廁所，只要牠一擺出動作，你務必要在第一時間把牠抓起來，火速帶牠到室外。

戶外上廁所訓練

幼犬通常會在特定狀況下產生便意，吃完東西、玩了一陣子、剛睡醒，在這些事件之後，最好馬上帶牠到室外劃定的區域範圍，可以用一段繩子或塑膠管清楚地標示，當成小傢伙專用的露天廁所。只要牠在正確的地方上完廁所，務必要大力讚賞，讓牠知道自己已經成功達成你的要求。此外，在「幼犬專用廁所」裡，留一些牠最後排放的糞便作為標記，藉此讓牠清楚地看到、聞到，知道這就是上廁所的定點。但如果牠在其他地方大小便，務必要在第一時間清除乾淨，以免養成習慣。

善後清潔

在清理幼犬不小心亂大小便的區域時，千萬不能使用含有氨水的家用清潔劑，因為裡面的阿摩尼亞正是尿液的主要成分；一旦某個地點依然殘留這個味道，小傢伙很可能再次上門光顧。因此，最好使用寵物排泄物專門清潔劑，才能徹底消除異味，杜絕後患。

訓練幼犬上廁所的訣竅

- 如果小傢伙不小心尿錯了地方，你千萬不能大聲咆哮或出手打牠；因為牠根本不知道自己做錯了什麼，這種行為只會讓牠把你當成壞人，往後也不敢再接近你。
- 你也不可以抓著幼犬讓牠去聞自己的便便，這種粗暴的手法只會把牠嚇壞了，無法阻止牠在屋內大小便的行為。
- 當小傢伙乖乖地走到戶外上廁所，你務必要好好獎勵牠正確的行為，往後牠才知道這是值得保持的好習慣。
- 幼犬待在籠子的時間，白天最長不超過三至四小時；夜晚則不能超過五至六小時。如果關太久，這對牠是不公平的！

命名遊戲

幫小傢伙取名字是非常有趣的過程，可供選擇的候選名單有一長串；但這一切搞不好在冥冥中早已注定，當你第一次與小傢伙四目相對的瞬間，所有問題早就有了最好的解答！

記住自己名字的訓練

教小傢伙記住牠的名字，其實一點都不困難。你可以蹲在牠前面，雙手張開呈歡迎的姿勢，然後再呼叫牠的名字。因為好奇心的驅使，牠一定會走向你；等牠走過來，再拍拍牠、愛撫牠，同時拿出零食獎勵牠。沒多久，小傢伙就會知道這個聲音代表即將有好事發生，而這也是牠專屬的稱呼！

命名不要太拗口

幫小傢伙挑名字的時候，最好選一個簡短響亮的，只有一到兩個音節即可；這樣比較好發音，牠才能很快記得。

此外，也不要挑那種會讓人難為情的名字，如果你心裡有疑問，

可以私底下在家裡喊喊看，覺得不妥的話，就趕快改名。此外，盡量避免和其他指令發音雷同的名字，以免在訓練期間產生混淆。

召回訓練

一旦小傢伙已經知道自己的名字了，接下來就可以進入下一階段的訓練，讓幼犬學習，當你要牠返回身邊時，牠必須召之即來，而不是牠想怎樣就怎樣。當幼犬沒繫牽繩時，只要一有意外狀況，這個訓練就能馬上派上用場。

如果幼犬知道，只要牠返回你身邊，就能獲得一些零食獎勵，絕對能激發牠無比的動力！在剛開始進行訓練時，可以用美味的零食（例如幾塊香腸片或煮過的豬肝）和玩具作為獎品；等到幼犬已經被制約，能夠遵照指令順利地回到你身邊之後，這時候口頭讚美和你關愛的眼神，也能帶給牠同樣的滿足感！

小傢伙，來這兒！

最好在一處安全封閉的空間進行召回訓練，例如自家花園裡，這樣幼犬才不會亂跑，一不小心就惹禍上身。首先，呼叫牠的名字，並加上「來這裡！」（Here）的指令，如果牠正確做出回應，務必要

拿出零食或玩具做為獎勵。聰明的小傢伙應該很快就能抓到訣竅，你甚至可以設計一個小遊戲，加速牠學習的效率！

然而要是小傢伙一點都不買帳，也不用因此而惱怒；你只要走向牠，讓牠聞一聞、嚐一嚐你手中的美味佳餚，重新激發牠的鬥志，多試幾次，很快就會見效！

初次見面，請多多指教！

像好奇寶寶一樣的小傢伙，一定想和家中其他寵物交朋友；但搞不好這只是熱臉貼冷屁股，對方根本不想把小傢伙當成好兄弟，畢竟牠們的年資長，當然想做老大發號施令，另一方面，牠們也可能把幼犬當作外來的惡勢力，所以務必要小心引見這個初來乍到的小傢伙，以免後患無窮！

結交新朋友

如果你家裡已經有飼養其他寵物，像是貓、籠中鳥、兔子、倉鼠等，為了牠們和幼犬的安全，以及穩定彼此的精神狀態，最好先準備室內用籠子、一些零食點心，並多留點時間，讓雙方都留下美好的第一印象。首先，把幼犬放在籠子裡，讓家中其他的老住戶看一看、聞一聞，在不會造成任何危險的前提下，逐漸熟悉彼此的存在。要是第一步踏錯了，造成雙方的嫌隙，往後想要修補彼此關係，可能要花更久的時間。

為了讓幼犬漸漸熟悉家中其他動物成員，可以把小傢伙的床墊放進對方休息的地方或靠近牠的籠子，只要一會兒，上面沾染一些味道之後，再將床墊放回幼犬的籠子裡；這樣一來，牠就會記住對方的味道，並且認為這是居家環境的一部分。

初次見面，因為彼此都很陌生，必須用籠子阻隔雙方，之後再放出幼犬，靜觀其變；在這段期間你必須全程監控，以免發生意外。如果牠過於興奮或受到驚嚇，你可以拿出零食點心分散小傢伙的注意力，要是牠穩定下來了，就能獲得你手上的獎勵品。千萬不要讓牠去追逐家裡其他寵物，這可能會讓彼

此結下梁子，造成雙方的嫌隙，往後更加難以相處。

最高指導原則

- 如果你已經養了一隻年紀較長的成犬，最好不要讓兩隻狗狗在家裡進行第一次接觸，可以請助手幫忙，帶牠到室外中立地帶和初來乍到的小傢伙碰頭（例如鄰居的花園或購買幼犬的專業育種繁殖場）。因為牠們碰面的地點不在家裡，家中原來的老大哥／老大姐比較不會有戒心，誤以為小傢伙是闖入自己地盤的外來入侵者，採用這種方式，牠比較容易接納這個可愛的家庭新成員。

- 在你帶小傢伙進屋之前，先把所有的食物容器和玩具收起來。眼不見為淨，這樣老大哥對這些東西的占有慾才不至於發作；狗狗大多無法忍受陌生的外來幼犬竊取自己東西的行為！

- 為了避免爭風吃醋，先愛撫家中原來的老大哥／老大姐，接著才是新來的小傢伙。

- 你必須居於主導地位，維持已經建立起的族群高低位階，長幼有序，個體間不能因爭奪玩具或食物而起衝突。

- 除非老大哥／老大姐和小傢伙已經成為好朋友，否則絕不能讓牠們單獨相處。

抱幼犬應注意事項

小傢伙可愛得不得了，任誰都忍不住想要抱起來，永遠摟在懷裡。然而你抱幼犬的時候，手法一定要正確，千萬不能嚇到牠或讓牠覺得不舒服。如果你能展現自己的體貼和溫柔，小傢伙當然會熱愛你一輩子！

為了檢查身體預作準備

在幼犬到家的第一天，就要幫牠做一些必要的檢查，讓牠習慣這個模式，長此以往，把這個程序當作每天的例行公事。狗狗通常不喜歡暴露自己某些部位，像眼睛、嘴巴、爪子、胃、耳朵、肛門附近等，特別是在陌生人面前；然而除了你之外，獸醫以及寵物美容師在進行身體檢查或剪毛、美容的時候，都需要碰觸小傢伙的「禁區」，所以牠一定要逐漸習慣這個過程。

溫柔的撫觸

你可能會忍不住想伸手拍拍小傢伙，但從牠的角度來看，搞不好比較喜歡你輕柔的撫觸。「己所不欲，勿施於人」，或許你可以親身體驗一下，看這兩種動作，哪一種比較舒服；堅定卻溫柔的愛撫絕對比大力重擊肋骨的感覺好多了！

幼犬全身上下非常柔軟，就像絨毛玩具一樣，讓人想要攬在懷裡，然而如果一不小心掉到地上，或擁抱的力道過於緊繃，牠可不會彈回來，小傢伙可是血肉之軀，脆弱得很！因此，在缺乏大人從旁戒護之下，千萬不能讓小於6歲的兒童跟幼犬一起玩，甚至抱牠或帶著牠都不行。小朋友的年紀小，不知如何控制力道，再加上過於興奮的情緒，常常會演變成對幼犬粗暴的行為，所以千萬要避免這種情況發生，不然可能會造成小傢伙的陰影，對被人抱起或抬起的動作產生畏懼感。最糟的情況莫過於幼犬的自我防禦意識高漲，不管任何時候只要有人靠近，牠都會產生攻擊行為。

小傢伙，放輕鬆！

定期檢查狗狗的牙齒和齒齦，及早發現問題，才能事先預做處

理。為了確保愛犬能順從地接受口腔檢查,最好養成習慣,把整個過程當成每天的例行公事。你可以先行訓練幼犬,讓牠遵循「嘴巴張開」的指令,往後如果需要接受獸醫的口腔檢查,訓練的成果就能派上用場!

你可以用指尖輕撫幼犬的牙齦,讓牠慢慢習慣被人清潔牙齒的感覺,記得要使用狗狗專用牙刷和牙膏,幫小傢伙消除口臭,保持口腔潔淨清爽。

如何抱幼犬

1 先蹲下,雙手輕柔卻堅定地環抱幼犬靠向自己,其中一手繞過牠的胸部,以防止牠掙脫,另一手托在臀部作為支撐。

2 將幼犬身軀整個靠在你身上,讓牠有安全感,卻不能跳出你環繞的手臂;等你準備好之後,再慢慢起身。

3 讓幼犬的身體貼緊你的胸膛,用這種方式抱牠,帶牠到預定的定點。至於放牠下來的過程,只需把上述步驟反過來即可;不過從頭到尾你都要從膝蓋開始往下彎,以免背部拉傷。

兩小無猜

小小狗和小小孩真的是天生一對寶！很多小朋友都把他們的四腳伙伴當成自己的好兄弟；相關研究結果指出，能尊重、善待寵物的孩童，在學校的表現通常會比較好，成年後的心智健全，富有責任感。

團隊合作

你必須教導家中幼童，用正確的方式和幼犬相處、對話，所有的動作都要輕柔而堅定，千萬不能亂抓亂抱，尤其是小傢伙在休息或用餐時，牠可能會突然嚇一跳，出於自我防衛的反射動作，牠極可能猛然回身，直接朝對方張開大口。因為幼童對自己行為可能造成的結果比較沒概念，為了安全起見，就算幼犬個性溫順，也不能讓家中小朋友和牠獨處一室。

此外，最好能事先跟家中幼童解釋，有哪些舉動可能會嚇到可愛的小傢伙。你必須花點時間，坐下來和小朋友詳細討論，讓他們知道該如何約束自我，如何和幼犬相處，牠才這麼一丁點，需要大家戮力合作，才能幫小傢伙慢慢安頓下來。

玩遊戲，享樂去！

所有小朋友都渴望和小狗狗一起玩，而這也是牠最熱愛的一件事！然而務必要提高警覺，因為年紀太小的幼童缺乏自制能力，很容易過於激動，在不自覺的情況下，讓遊戲變調，造成其中一方受到傷害。

因此，絕對要和家中幼童溝通，不能讓他們抱著幼犬跑來跑去，以防小傢伙摔落地上，導致無

法彌補的遺憾。每回合的遊戲時間盡可能簡短而有趣，大家都能盡興，而幼犬也不會太過興奮或疲勞過度。

幼犬的小保姆

- 以身作則，教導家中幼童如何溫柔地愛撫幼犬，以及牠最喜歡被撫觸的部位。
- 請小朋友幫忙餵食，告訴他們如何對幼犬下達「坐下」和「等待」的指令，接下來牠才能享用美食。
- 教導小朋友如何指揮幼犬達到你的要求，如果牠順從地做出回應，又該採用什麼樣的獎勵方式。
- 務必要再次耳提面命，千萬不能對幼犬大聲咆哮或粗暴的拍打，因為這會傷害牠，讓牠受到驚嚇。

此外，也可以請小朋友幫忙幼犬做每天例行性的身體檢查，賦予他們重要的任務，培養對寵物的責任感，而這也是進行機會教育的好時機，讓他們知道如何照顧幼犬；採用這種方式，不只會強化幼童的自我約束能力，也讓他們對自己更具信心，為彼此建立更加穩固的友誼基礎。

正向回饋

正向回饋的訓練模式不但有效，又不會產生後遺症；至於處罰或容易引起副作用的訓練技巧，可能會導致幼犬行為過於壓抑，甚至還涉及動物福利的議題。如果採取愛的教育，小傢伙一定開心多了，牠也會把你當成自己的守護神，不會產生恐懼擔憂的負面情緒。

打罵訓練的後遺症

藉由懲罰或其他可能產生負面效應的訓練技巧，例如關禁閉、限制幼犬的行動、長時間忽略牠的存在等，可能導致幼犬過度壓抑自己原本正常的行為，同時產生害怕、挫折、困惑等負面情緒。牠可能因此覺得沮喪、無助、自我放棄，從

此不想再順應你的要求行事，最後甚至出現無法預料的攻擊性行為；所有飼主當然都不想面對這種悲劇！

正向回饋訓練模式的功效

正向回饋的訓練機制，才能成功打造乖巧又順從的居家寵物犬。整個作用模式可以拆解成 4 個簡單的步驟：

● 當幼犬做出正確的行為，例如在戶外大小便，記得要馬上給予口頭讚美，並奉上香噴噴的零食點心，鼓勵牠往後再次做出同樣的舉動。這也是所謂的正向強化，藉由創造正面美好的經驗（讚美和零食），激發牠達成目標的動力。

● 如果幼犬做出錯誤的動作，你也不能懲罰或強行禁止。這些負面的方式完全不具任何效應，充其量只會讓牠混淆，不知道你真正的意圖為何，甚至產生反效果，

讓牠誤以為這種行為會讓你更注意牠、關心牠，從今以後，一而再、再而三重複相同的舉動。

要是你假裝沒注意到牠所犯的錯誤，這些行為反而比較可能隨著時間漸漸修正。

- 如果你預期幼犬可能會在某些場合做出不適當的舉動，就要盡量避免這些情況。舉例來說，要是你不希望牠在屋內大小便，那你就必須要定時帶牠到戶外上廁所，以免發生意外！

- 以鼓勵取代防堵。藉由積極的獎勵，讓幼犬做出你想要的動作，而不是消極地防止牠做出你不想要的舉動；如果牠試圖在屋內大小便，正確的處理方式，應該是定時帶小傢伙到戶外上廁所，而不是對著牠大聲咆哮。

運用上述技巧鼓勵幼犬達到你的要求，讓牠盡可能避免做出不適當的舉動；這種正面的回饋機制有助於建立你和小傢伙之間的信賴關係，當牠跟你在一起的時候，也會更有安全感和歸屬感！

居家守則

務必要貫徹你所制定的幼犬居家守則，指令也要前後一致。如果某一天，你允許小傢伙去做某件事，但在另一天，你又不允許，這只會讓牠混淆，甚至因為壓力和緊張而導致錯誤的行為，像是直接在屋內大小便。

好好玩！

所有幼犬都熱愛遊戲，活潑有朝氣的小傢伙，讓每個人都樂於和牠一起玩！然而還是必須遵守一些原則，採用正確的方式和幼犬共同享受歡樂時光，以免在就寢前發生令人不悅的憾事！

幼犬養育學

透過遊戲學習是幼犬身心發展很重要的一環，當牠和其他同類玩在一塊兒時，能藉此定位出自己和對方的關係、解讀各種肢體語言、控制牙齒的力道，並逐漸摸索出如何與不同品種、體型的狗狗融洽地相處！

幼犬脫離了父母兄弟環繞的自然狀態，牠需要學習如何適應居家生活，也因此飼主必須承擔角色扮演的責任，把自己當成狗狗群體裡的一分子，一步步引導小傢伙融入真實的人類世界。當幼犬和其他家

庭成員玩在一塊兒，尤其對象是老人和幼童時，你必須教導牠如何維持適當的行止，儘管充滿自信卻不會過於粗暴。

寓教於樂

當幼犬只有那麼一丁點兒，跟牠玩摔角遊戲真是有趣極了！然而隨著體型快速長大，情況完全改觀，如果牠屬於大型犬，成長速度驚人，小傢伙很快就變成大傢伙了！

此外，千萬不能允許幼犬玩咬人遊戲，你只需要出聲制止：「不行！」，並立即中止遊戲時間（請參閱 56-57 頁）；可以和幼犬玩的遊戲非常多樣化，而且大多都很安全，像這種容易擦槍走火的遊戲絕對不能嘗試，以免後患無窮（請參閱 86-87 頁）。

飼主應該立下規矩，定出什麼時候才是幼犬的遊戲時間，可以玩多久，什麼時候該結束；所以最好先讓小傢伙理解「結束」指令的含意，情況才不至於失控。幼犬就像人類的小嬰兒，玩性大發的時候，根本沒辦法停下來！

遊戲計畫

對幼犬而言，最好將遊戲時間打散，每天少量多次，大概 2 到 3 次，每回合差不多 10 到 15 分鐘左右，避免時間過長、讓牠精疲力竭，留點時間、空間，彼此才會更期待下一回合再度上場！

在選擇遊戲種類時，也要把幼犬的品種納入考量，對某些犬種來說，如果玩太多拔河或過於粗暴的遊戲，會讓牠們太過興奮，尤其是德國狼犬（German Shepherd）、雪達犬（Setter）這種大型犬；有些犬種則對追逐遊戲特別投入，很容易一發就不可收拾，例如邊境牧羊犬（Border Collie）、梗犬（Terrier）。

此外，也可以將訓練融入娛樂，對幼犬來說，整個過程就是一場遊戲，沒什麼差別！藉由寓教於樂的方式，把訓練變成一種獎勵，而不再是無聊的例行公事。主動幫你和小傢伙的日常生活加料，讓每件事都更有趣，逐步打造愛犬成為一隻溫馴又聽話的快樂犬！

禁止張嘴亂咬！

所有幼犬都喜歡咬東西，因為這有助於牙齒的生長，並且讓牠學會某些生存技巧；但如果在你們嬉鬧過程中，牠卻用牙齒直接咬住你的手腳，這可是很痛的！藉由某些訓練教導幼犬控制自己張嘴亂咬的壞習慣，相信你們彼此都會更享受一起遊戲的歡樂時光。

亂咬禁令

生長在野外的狗狗必須依靠捕獵和搜尋食物才能存活，這是牠們的天性；所以剛出生沒多久的幼犬需要透過遊戲過程鍛鍊咬噬和打鬥的能力；然而生活在人類社會的居家犬，並不容許這些可能會造成傷害的行為。為了避免造成傷害，或許你可以運用正向回饋的訓練模式，有效制止狗狗亂咬的舉動，讓牠採取其他替代方式，發洩自己與生俱來的欲望。如果你選擇打罵式教育或其他負面的訓練方法，只會造成反效果，讓幼犬膽戰心驚、不知所措。

「不要露出牙齒」的注意事項

- 幼犬剛到家的第一天，就要進行口腔檢查，讓牠逐漸習慣人類手掌在自己牙齒周邊來回移動的感覺，牠不需要過於緊繃，張嘴亂咬。

- 在遊戲的時候，給幼犬一些可以磨牙的玩具滿足需求，這樣牠就不需要把你的手掌和手臂當成發洩的對象。

- 千萬不能鼓勵幼犬玩咬人遊戲，一定要約束家中幼童，絕對不能在遊戲中煽動小傢伙亂咬人。

- 要是幼犬非常熱中於咬人遊戲，或許可以利用牠所熟知的指令像是「坐下」（請參閱70-71頁）讓牠分心。如果小傢伙正忙於完成你所交代的任務，自然無法兼顧咬你這個動作，一旦牠乖乖坐下，記得要多多讚美牠，並

奉上香噴噴的零食獎勵。多練習幾次，幼犬很快就能瞭解其中差別所在，咬人的舉動並不會產生什麼正面效益，反倒是其他行為才能為牠帶來一些實質回饋。

最後殺手鐧

　　如果你已經試過上一頁所列舉的各種方法，卻還是無法阻止幼犬亂咬人的行為，或許可以試試這最後的手段，其原理和人類防止自己咬手指甲一樣，你可以先在自己手掌和手臂噴一些無毒卻有苦味的液體（可購自寵物用品店），只要小傢伙張嘴亂咬，馬上就會嚐到苦果，一旦牠試過幾次，每次都是這種令人作嘔的可怕味道，久而久之自然就會把這種不愉快的記憶烙印在腦海裡，往後也不會再有咬人的衝動。

訓練課程

幼犬培訓計畫

現在小傢伙已經快快樂樂地安頓下來，知道自己的名字並做出適當的回應，好玩的部分正要開始！這正是最佳時機，你可以開始訓練幼犬成為世界上最聽話的乖狗狗！

厚臉皮的小寶貝

幼犬就和精力旺盛的小嬰兒一樣，學習速度驚人，如果缺乏適當的訓練，沒多久，你就必須一直追著牠到處跑；然而這對你和牠而言，都是非常不健康的。儘管你可以溫柔和善地對待可愛的小傢伙，不過還是要態度堅定，嚴格執行你所制定的行為規範。否則沒過多久，你就會因為需索無度的小傢伙，而讓自己累壞了！

為了將幼犬打造成友善而順從的乖狗狗，行為舉止合宜、恪遵居家守則，飼主必須負起教養的責任，依照小傢伙自己的學習步調，讓牠慢慢學會如何融入人類生活。

第一階段

● 讓幼犬熟悉自己的名字/召回訓練。
● 初期社會化過程：讓幼犬慢慢習慣家中景象和聲音（電視、洗衣機、吸塵器）。
● 展開大小便訓練，讓幼犬習慣使用室內用籠子。
● 展開耐心訓練。
● 先行收集資料，花點時間研究幼犬的社會化過程和各種訓練課程，一旦進入第五階段之後，隨即就能展開進階訓練。

第二階段

● 項圈和牽繩訓練。
● 進階社會化過程：讓幼犬逐漸習慣不同性別和年齡的人們。
● 為了規範幼犬行為而展開的必要訓練，以防止牠亂咬亂跳。

飼主的訓練計畫

以下所列舉的幼犬訓練計畫，包含五個階段，飼主可以按照實際狀況靈活運用，一步步將小傢伙塑造成你未來的最佳拍檔（遵守規矩的乖寶寶）。為了提高訓練成效，每個訓練小節都不能太長，因為幼犬的專注力頂多只能維持 5 ～ 10 分鐘，時間一超過，學習效率也會跟著下降。此外，訓練期間應特別注意小傢伙的精神狀態，趁牠感到疲倦或無聊之前，就要先結束這個回合，每次訓練務必要以正面積極的結束作為收尾，以免讓幼犬產生反感。

第三階段

- 讓幼犬慢慢習慣靠近其他動物，像是馬或牛。千萬不能允許牠追逐對方，儘管小傢伙會以為自己征服了對手，一旦牠追上癮之後，你也會常常收到獸醫寄來的昂貴帳單，當然還有牛羊主人的訴訟狀！

第四階段

- 讓幼犬逐漸習慣坐車旅行。
- 進階社會化訓練：當幼犬已經完成所有疫苗接種程序，接下來就可以帶牠到戶外，見識一下真實世界的景象和聲音。

第五階段

- 慢慢延伸坐車旅行的里程數。
- 展開幼犬訓練／社會化課程。
- 在休息時間，幼犬必須自行進入專屬的室內籠，或在自己的小窩裡睡覺。

放輕鬆

　　幼犬看起來就像一團小毛球，擁有無窮的精力卻又滑稽可愛，讓人忍不住想要和牠膩在一起，就算好幾個小時也不厭倦。然而小傢伙就和人類小嬰兒一樣，很快就感到疲憊厭煩，所以務必要確保幼犬擁有良好的睡眠品質，每次遊戲也要安排中場休息，讓牠得以儲備精力均衡發展。

耐心是美德

　　按照常理，你當然想要挪出所有時間和小傢伙玩在一起，帶著牠外出散步，然而千萬不要操太兇！幼犬的骨骼、韌帶、肌肉、肌腱正處於發育期，要是使用過度，可能會造成無法彌補的傷害。多點耐心，別貪圖短暫的享樂，讓幼犬以正常步調穩健地發展，「吾家有犬初長成」，當牠蛻變成體態優美、身心健全的成犬，你一定會因此而得意洋洋、喜不自勝！

　　當小朋友和幼犬一起玩，自然而然地會四處亂跑，如果小傢伙興奮過度，這種動作很容易引發牠的野性，把對方當成獵物，又追又咬！為了避免意外發生，務必要告誡家中幼童，千萬不能和幼犬玩追逐遊戲。

幼犬耐心訓練

　　幼犬整天忙著繞來繞去、四處探險，要讓牠靜下心來耐心等候簡直就是天方夜譚。為了提升小傢伙的修養，可以趁牠想要引起你注意的當下，鼓勵牠做出其他動作，然後再奉上牠最愛的零食獎品，藉此訓練牠的耐性，只要短短一個星期，小傢伙就不會像無頭蒼蠅一樣，在你身邊亂鑽。

如何訓練耐心

1 千萬不要讓幼犬把你當成隨傳隨到的「狗奴才」,這樣一來,牠就成了貨真價實的惹禍精,讓你或訪客避之唯恐不及。如果小傢伙不懂得看人眼色,在你手頭上有其他事情的當下,卻執意要求你對牠投以關愛的眼神,不管是往上亂跳或伸出腳掌亂撥,這時候你就可以對牠下達「趴下」的指令(請參閱76-77頁)。

2 一旦牠趴下之後,你便在旁邊安靜地坐下,數到3;不需要特別忽略牠,但卻要全程捺著性子、保持安靜。

3 如果牠乖乖地保持不動,既安靜又有耐心,也沒有吵你,這時候你再給予口頭獎勵作為回饋。藉由這種方式讓小傢伙明白,你才是老大,擁有絕對的主導權,而不是牠想怎樣,就能為所欲為!

誰是好孩子？

　　幼犬不但喜歡被讚美，對食物更是難以招架，如果你能站在牠的立場，將心比心，自然不會忘記提供美味的點心作為獎賞。在訓練期間，為了誘發幼犬做出想要的動作，訓練者的態度一定要清楚明確、前後一致，雖然溫和、立場卻要堅定，就跟人類學習的狀況非常類似。

幼犬開心果

　　幼犬都喜歡討好自己的主人，如果因此獲得熱烈讚賞或美味零食等回饋，這會讓牠更加投入。除了上述的回饋方式之外，牠最愛的玩具、額外的遊戲時間、來自主人溫柔的撫觸，在在都具有相同的效果。以上列舉的手段，正是打造一隻快樂溫馴的居家犬最重要的關鍵。

不可以跨越

　　如果你想將這位頑皮的新朋友調教成合乎自己要求的小紳士、小淑女，整個訓練原則和操作模式一

定要以正面回饋為基礎，立場溫和而堅定。避免對小傢伙發火，不能以高八度的聲音對牠興師問罪，甚至出手打牠；你或許會質疑為什麼？答案很簡單，因為狗狗根本不曉得自己做錯哪些事惹你不開心，所以也不會有罪惡感，小傢伙只知道你因為某些原因對牠大發雷霆，但牠根本不瞭解個中原由！

對幼犬採取激烈的打罵手段可能會影響牠的自信；出於恐懼或自我防禦的心態，牠甚至會出現攻擊或自衛的行為。因此，如果幼犬做出某些不恰當的舉動，你只須假裝沒看見就好，有必要的話，可以運用一些讓牠分心的伎倆或直接暫停休息。這樣一來，小傢伙很快就會知道，牠所展現的行為並不會得到任何實質回饋，久而久之，自然就會盡量避免。唯有用對訓練方法，才能收到事半功倍的成效。

離開房間

當你感到快控制不住自己，已經瀕臨臨界點時，最好先深呼吸，默數到 10，等到氣消了，重新恢復理智和幽默感之後，再繼續接下來的訓練計畫。如果有必要的話，你可以先離開房間；就算小傢伙是惹你生氣的導火線，你也不應該把自己的挫敗感發洩在牠身上。

保持冷靜

儘管如此，有時候難免擦槍走火，口中不免冒出一句：「不行！」但千萬要保持語調和緩，以狗狗的立場解讀，就像是輕一點的嚎叫聲；如果情況許可的話，在此同時你也要試著把注意力從幼犬身上移開。因為在自然情況下，母犬或小傢伙的兄弟姊妹就是採用這種方式表達不悅的情緒，這樣一來，牠就知道這些舉動所造成的結果是不被接受的。此外，務必要嚴密監控幼犬的心理狀態，千萬不要驚嚇到太過敏感的幼犬，因而引發自衛性的攻擊行為。

餐桌禮儀

所有飼主都有類似的經驗，愛犬只要一想到食物，就像餓死鬼一樣，興奮得不得了！事實上，在你還沒把罐頭裡的肉塊完全倒入碗裡時，牠的頭早就埋進去，根本不管你之前的諄諄教誨！訓練幼犬學會用餐禮儀，才能讓牠的居家生活更融洽圓滿，而這些成果也可以應用在其他日常生活當中。

我餓死了！

為了滿足身體快速發育的需求，在幼犬清醒的狀態下，一定四處搜尋食物的蹤跡。小傢伙一雙水汪汪的大眼，流露出渴求的眼神，

想要拒絕牠的請求，確實需要過人的自制力，一不小心就可能因為心軟而養壞了牠的胃口，造成幼犬攝取的總熱量遠超過正常生理需求。千萬要謹記，美味的零食點心也算是飲食內容的一部分，如果食用過多，可能也會造成營養過剩的問題！

你必須克制自己的衝動，絕對不能過度餵食，以免幼犬體重狂飆，導致健康上的隱憂。你放心，只要每天給予營養均衡的飲食，小傢伙就會不餓著了。

餵食怪癖

如果小傢伙很挑食，或每餐只吞了幾口飼料，這可能表示有某個環節出了差錯，或許可以試著從下列項目中，找出問題所在：

食物種類

提供可磨牙的硬質飼料，且口

味要豐富多樣，讓牠在享用美食之際，無暇耍花招、鬧脾氣，也不會因為飢餓和無聊造成行為異常。

餵食頻率

為了確保幼犬不會餓過頭，每天至少提供兩餐，甚至提高餵食頻率；否則牠極可能會因為飢餓，在餵食期間過度保護食物，因而產生攻擊行為。

裝食物的容器

此外，裝飼料的容器也很重要，不管是碗的尺寸（太小或太深）、材質（太亮）、擺放的位置，如果其中一個環節出了差錯，都會影響牠的食慾。

現在可以開動了嗎？

如果你不希望幼犬像餓死鬼一樣，在你放置飼料碗的瞬間，一口就湊過來強搶你手中的食物，或許可以先把飼料倒入碗裡，然後再就定位，或是準備一根可長時間磨牙的美味大骨頭，讓牠無暇分心掠奪你手上的飼料。而且家中每位成員都要依照既定程序餵食，這樣牠才會乖乖地遵守用餐規矩。

分我一點！

在你用餐期間，千萬不能把盤子裡的殘羹剩飯丟給小傢伙；如果你縱容牠一次，就算只是偶然，食

髓知味的小傢伙可沒那麼好打發，牠很快就會抓到竅門，只要坐在餐桌旁，對你投以乞求的眼神，馬上就能得到美味的獎賞！沒多久，你會發現自己養了一隻貪得無厭的壞狗狗，在你吃東西的時候，無時無刻都想染指，要是你不給牠，小傢伙甚至會對著你亂叫，如果你將注意力轉移到其他地方，一轉眼桌上的食物已經消失得無影無蹤，連殘骸都不剩！

繫上牽繩，散步去！

用牽繩遛狗其實沒想像的那麼難，只要訓練得當，就能讓小傢伙樂於繫上牽繩，在牽繩的指引下，亦步亦趨地跟在你身邊。唯有採用正確的方法，你們這對最佳拍擋彼此才會引頸期盼控制得宜的悠閒散步時光；如果抓不到訣竅，最後的下場可能是你被牠拖著四處遊蕩，完全喪失老大的主導權！

如何幫幼犬繫牽繩外出散步

1 右手抓緊牽繩，另一手拿著獎品（零食或玩具），在幼犬四周來回擺動，引起牠的注意。讓牽繩維持垂下的狀態，直直往後退，並呼叫牠的名字。如果牠一臉勉強、不想跟著你走，把玩具或食物擺在牠嘴邊，讓牠咬一咬、嚐一嚐，然後再一次呼喚牠的名字，繼續往後退。

2 一旦牠走向你之後，拿獎品的左手朝反向移動，慢慢靠近左腿，然後再往前，幼犬也會自然而然轉身跟著左手。繼續往前走，把手上的獎品給牠，同時下達指令：「跟我走！」

4 在剛開始進行牽繩訓練時，左手拿著玩具或零食，一旦幼犬分心，開始拉繩子或稍微有點落後，你可以利用手上誘餌重新引起牠的注意，回到正確的位置並維持一定的步調前進；接著再給牠獎勵。

3 這就是使用牽繩遛狗的不二法門，讓幼犬待在你身側適當的位置上，牽繩下垂，你和牠保持固定距離。

幫幼犬戴上項圈

　　在初期，幼犬戴項圈的時間不要太長，務必要多多讚美牠，讓小傢伙安心。項圈最好保持兩指的間隙，不能太鬆、也不能勒太緊。一旦幫幼犬戴上項圈之後，馬上跟牠玩個小遊戲或以零食吸引牠的注意力，讓牠習慣有東西圍在脖子上的感覺，並把項圈和正面愉快的經驗連結在一起。

　　當小傢伙已經習慣項圈的存在，接著再扣上牽繩，讓牠跟著你走一會兒。記得多給幼犬一些口頭和實質上的獎勵回饋；如果牠很享受這個簡單的熱身運動，接著再鼓勵牠依照牽繩的指引走到你身邊。

坐下（Sit）

如果幼犬能依照指令乖乖坐下，除了讓旁人留下深刻的印象之外，同時也彰顯牠的教養良好；而要達到這個目標並不困難，你只需要多點耐心，再加上幾塊小傢伙最愛的零食點心，相信牠很快就能上手；而且坐下指令非常實用，在很多場合都能用得上。

必勝絕招！

「坐下」（Sit）指令是幼犬往後所有訓練的基礎，不管是「停留」（Stay）（請參閱74-75頁）或「趴下」（Down）（請參閱76-77頁）指令，都需要幼犬先學會怎麼坐下才能進行。謹記以下四個主要原則，就能輕鬆讓小傢伙學會依照你的指令乖乖坐下，不只如此，這個方法還能多方面應用在其他領域，非常受用。為了方便記憶，你可以結合這四個原則的英文第一個字母 ACER：

1. 注意（Attention）
2. 指令（Command）
3. 執行（Execute）
4. 獎勵（Reward）

如何讓幼犬學會「坐下」指令

1 讓幼犬以站姿面向著你，你再以雙膝跪下的姿勢拉近彼此間的距離；在大拇指和無名指之間緊握一塊美味零食，讓牠聞一聞、嚐一嚐，藉此吸引牠的注意力。

2 慢慢把零食抬高，移到幼犬頭上，牠必須仰頭才能看到的角度；在此同時，一併下達「坐下」的指令，這樣一來，牠必須採取坐姿才能讓零食保持在視線範圍內。如果牠跳了起來，你就裝作沒看見，耐心地重頭開始。

3 一旦你們家聰明的小傢伙乖乖地坐下，千萬不要吝於讚美牠優異的表現，並奉上香噴噴零食點心！在每個訓練小節，一再重複相同的練習，務必要以幼犬成功做出動作當作收尾。練習造就完美，每回合的訓練盡量保持簡短而溫馨，才不會讓小傢伙覺得無聊。

最高指導原則

此外，也可以用手部信號指揮幼犬坐下；一旦牠對「坐下」訓練非常熟練之後，接下來就可以在下達口頭指令的同時，搭配手部動作，整個過程與上面相仿，但卻不是以食物作為誘餌，而是將食指伸出，並且在牠坐下的瞬間，立即以口頭讚美讓牠知道自己已經成功達成使命。如果牠搞不清楚你的意圖，再反覆1～3的步驟，用食物作為誘餌，很快地，小傢伙就會知道手部信號所代表的意義了。

71

不要動

因為各種緣由，在很多狀況下，你不希望自家寶貝
去亂動某些東西，像食物、家中其他寵物、鞋子、其他
動物的排泄物等；要解決這個問題的方法很簡單，只要
運用正向回饋機制，發出指令讓牠做出自己已經很熟悉
的動作，牠自然無法造次，只能任憑你擺佈！

食物誘因

要讓幼犬不亂動某些東西，最
有效的方法莫過於把食物當成誘
因，貪吃的小傢伙就會乖乖就範！
剛開始先幫牠繫上牽繩，接著再放
下飼料碗，不過這時候還不能讓牠

享用大餐，如果有必要的話，可以
用牽繩稍微限制幼犬的行動，並
下達「坐下」的指令，讓小傢伙
乖乖坐在你的身側（請參閱 70-71
頁）。

先等一會兒，直到牠專心看著
你，允許牠享用眼前的美食，雖然

當幼犬正在享用大餐的同時，順便在牠的碗裡加一到兩塊零食點心，這樣一來，小傢伙就會知道旁人的手在食物周邊出沒，對牠一點都沒有威脅性；採用這種方式讓幼犬明白，儘管牠認為有些東西是屬於自己的，但卻不能表現過度的占有慾，才能避免在未來可能衍生的攻擊性行為。

一旦小傢伙習慣餵食的固定流程，接下來就可以靈活運用「坐下」指令，讓牠不要碰其他東西，像是牠想磨牙的對象或其他物品。

等幼犬完全上手之後再繼續擴充訓練內容；當牠正在等待你開動的指令時，你漸漸後退遠離牠，並下達「等待」或「停留」的指令（請參閱 74-75 頁），因為牠一心掛念著眼前的美味，根本不想挪動半步，所以一定會乖乖遵循指令待在定點上。緊接著你再返回小傢伙身邊，好好讚賞牠一番，並解除禁令，讓牠得以享用大餐。

既簡單又有效

藉由這些正向回饋的訓練模式，只要預先下達小傢伙所熟悉的指令，快速而輕鬆地讓牠乖乖地待在一旁等候，未經你的允許，否則不能碰觸某些物件。只要運用最簡單的概念，就能達到最棒的成效！

需要花一點時間，不過這一切等待都是值得的！

只要牠做出這樣的舉動，你就可以用鼓勵的語氣，下達「吃」（Eat）的口頭指令，表示禁令解除，牠可以安心享用自己的大餐。如果小傢伙非常有耐心，乖乖地坐在旁邊等待你的許可，千萬要記得好好讚美牠。這個練習一定要持之以恆，每次用餐都要一再重複，先對幼犬下達牠已經知道的某個指令，甚至到最後，可以不需要牽繩的輔助，小傢伙就會安靜地等在一旁，靜候你的許可。

停留（Stay）或等待（Wait）

　　讓幼犬待在你要求的定點上，是居家訓練課程非常重要的一環，不管在室內、外都一樣。舉例來說，如果家中有訪客，為了避免失禮，你希望小傢伙乖乖地待在自己的小窩裡，或是外出遛狗時，為了避免危險，你希望牠停在某個定點，像這些場合都需要用到「停留」或「等待」的指令。

如何讓幼犬學會「停留」指令

1 讓幼犬以坐姿待在你左腳跟旁邊（請參閱 70-71 頁），如果小傢伙乖乖聽話，再拿出零食獎勵牠的表現。

2 維持牽繩下垂的狀態，下達「停留」的指令，把手抬起放在小傢伙的前方，手掌打開、五指靠攏。再一次下達相同的指令，同時往側邊跨出一步；重複相同步驟，不要離幼犬太遠，繞著牠的周圍走一圈。

3 拿出零食作為獎勵，重複上述
練習，儘管還是站在小傢伙眼
前，但距離稍微拉大，繞到牠
身後時，再走近一點，這樣牠
才不會有往你那邊移動的意
圖。同樣地，以零食點心獎勵
牠的表現。不管怎樣，只要小
傢伙一騷動，離開原來的定
點，就回到上一步驟，然後再
重新開始。

4 一旦幼犬漸漸習
慣，知道你不會
就此離開，並
乖乖地待在定點
上，接下來你可
以再將距離拉
開；把牽繩放長
一點，加大你繞
圈行走的半徑。

自行決定是否停留或往前走

在牽繩控制下，如果幼犬對停
留指令已經非常熟悉，爾後再提升
訓練難度，賦予小傢伙更多自由，
考驗牠的定性。訓練方式和上述步
驟雷同，慢慢從牠身邊走開，下
達「停留」的指令，放開牽繩（這
就是所謂的坐下停留），靜候幾秒
鐘，然後走回牠身邊，在牠身邊繞

行，最後停在牠的右側，並拿出零
食獎勵牠的表現。

要解除幼犬坐下停留的禁令非
常簡單，只需呼叫牠的名字，並在後
面加上「來這裡」這幾個字眼，再
佐以一個迎接的手勢，鼓勵小傢伙
回到你身邊。當牠順從地遵照你的
要求，務必要奉上香噴噴的美味點
心，獎勵這個乖乖聽話的好孩子！

趴下（Down）

　　讓幼犬學會趴下並維持同樣姿勢，直到你下達其他指令，否則就只能乖乖待在定點，這種訓練在很多場合都派得上用場，例如當牠需要接受獸醫檢查或寵物美容時，或是你手頭有其他事正在忙，必須讓小傢伙趴下靜候一段時間。

趴下動作讓幼犬缺乏安全感！

　　當狗狗呈趴下姿勢，就難以維持自我防禦的優勢，所以在進行這個訓練時，一旦牠做出你要求的動作，務必要在第一時間奉上香噴噴的零食獎勵，並佐以口頭讚美增強牠的自信。

再次往上

　　要讓幼犬從趴下姿勢向上挺身變成直立坐下或站起的過程非常簡單，只要在牠的鼻子下方放一塊零食，再慢慢升高到頭部位置，同時喊出「坐下」或「站起」的指令。一旦幼犬做出正確回應，務必要以食物和口頭讚美作為獎勵。

趴下停留

　　如果一切都進行得很順利，就可以把單純的趴下訓練延伸成趴下停留複合指令。首先從幼犬身邊往外跨一步，同時下達「停留」的指令（你也可以搭配手部信號，請參閱 74-75 頁），在距離小傢伙一小段距離外的定點靜候數秒，接著再返回牠身邊，並給予獎勵。之後每一次下達「停留」指令時，再逐漸將你和牠之間的距離拉開。你絕對會大吃一驚，聰明的小傢伙居然一下子就抓到訣竅，順利完成使命！

多重任務

　　一再重複練習趴下、坐下和停留的動作，直到幼犬已經非常清楚也很樂意執行你的要求。接下來再對牠下達坐下、趴下、停留的連續指令，如果牠順利完成使命，再拿出獎品慰問牠的辛苦。最後把所有指令融合在一起，趴下、坐下再加上停留的動作，然後再次獎勵牠。把這個訓練當成遊戲來玩，幼犬一定會樂在其中，很快就能把握個中要領。

如何讓幼犬學會「趴下」指令

1 先讓幼犬坐下，你的手上拿一塊牠最愛的零食點心，吸引牠的注意力。

2 把食物放在牠鼻子下方，接著慢慢往下移動到地板上，放在牠前肢之間。

3 這樣一來，幼犬身體也會跟著向下，當牠一有動作，馬上喊出「趴下」指令，直到牠的肘關節碰到地面，就要立即奉上香噴噴的零食點心和一大堆讚美字眼。一旦小傢伙學會依照指令乖乖趴下，而且也很樂意維持這個姿勢，接下來就可以進行翻身的訓練（請參閱 78-79 頁）。

77

翻身（Roll Over）

訓練幼犬遵循指令乖乖地趴下轉身，對於居家生活的適應非常有幫助，因為這個動作看起來就像表演特技，絕對會讓你在朋友間大出風頭，而且當有必要整理牠的腹部毛髮、檢查全身上下是否有異常隆起或腫塊時，這個動作就能派上用場，甚至在平常幫牠腹部搔癢時，也可以直接叫牠翻身，小傢伙絕對會因此而樂不可支！

如何讓幼犬學會「翻身」指令

1 先對幼犬下達趴下的指令，拿一塊香噴噴的零食放在牠鼻子下方，慢慢繞往牠的側邊，讓牠聞一聞、舔一舔，激發牠貪吃的欲望。

2 拿零食的那隻手慢慢往牠另一側移動，小傢伙為了追蹤你手中的食物，身體一定會往上翻，讓頭頸部和上半身跟著往側邊轉；當牠一做出這個動作，隨即要下達「翻身」指令，並且讓牠享用美食，同時佐以口頭讚美鼓勵牠優異的表現。

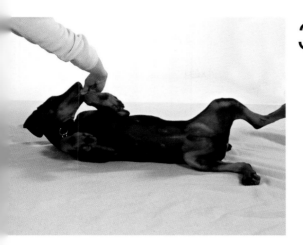

3 一旦小傢伙習慣這個姿勢之後，將零食繼續往牠身側移動，為了集中幼犬注意力，必要時，可以讓牠稍微咬一口，這樣一來，牠的身體必須整個轉過來，以背部著地，在此同時喊出「翻身」指令；只要幼犬做出你要求的動作，務必要即時給予鼓勵，讓牠知道自己已成功達成使命。

4 重複步驟 3，直到幼犬完全習慣背部著地的姿勢；然後再將一塊零食往右側轉，並下達「翻身」指令，這樣牠必須再次轉到另一側，才能讓零食保持在視線範圍內，並得到牠應得的獎勵。等牠順利完成翻身動作，就要立即奉上零食和口頭讚賞。

放輕鬆！

　　幼犬翻身露出腹部，會處於非常不利的狀態，唯有在牠覺得安全無虞的情況下，才可能翻轉到另一側或完全以背部著地；除非你和小傢伙都很放鬆自在、彼此信賴，才會達到最好的效果。某些犬種，例如靈緹犬（Greyhound）、惠比特犬（Whippet），因為體型的因素，很難像其他狗狗一樣輕鬆做出翻身動作，所以在訓練之前，一定要納入考量，如果小傢伙屬於這類型犬種，千萬不要太過勉強，點到為止即可。

回到床上！（Go To Bed）

當你希望小傢伙離開或想要自己獨處，最好預先幫牠找個舒適的去處，最簡單的選擇就是幼犬的溫馨小狗窩，這個送牠返回自己專屬空間的訓練遲早派得上用場，例如當你不希望小傢伙靠近某些東西時，只要下達指令，牠就會乖乖回到小窩裡！

把食物當成誘因

用幼犬最愛的零食當作訓練誘因，尤其是香噴噴、重口味的食物效果最好！例如切成小段的熱狗香腸，或是豬肝製成的點心都很適合。把這些美食切成小塊放進塑膠容器裡，拿給小傢伙看一看、聞一

聞，甚至餵牠一小塊開開胃，激發牠貪吃的欲望。

下達「回到床上」的指令，用零食盒導引幼犬回到自己的窩，然後再獎勵牠；為了強化牠待在裡面的刺激，可以再加上「停留」（Stay）指令（請參閱74-75頁），並再次給予獎勵，同時放一

個磨牙玩具在小傢伙身邊，這樣一來，牠更不想離開自己的小窩，也更加能體會小狗窩永遠是最棒的地方！

　　一旦幼犬離開你身邊之後，你就可以繼續手頭上的工作；如果你沒有召喚牠，小傢伙卻不請自來，這時只需再次重複上述步驟，下達「回到床上」指令，並護送牠返回自己的小窩，然後跟之前一樣用食物作為獎勵。

訓練訣竅

- 剛開始的時候，每回合的訓練盡可能不要太久，以免幼犬覺得無聊，缺乏持續的動力。
- 頭幾次的練習，經過一會兒就趕快召喚牠，不要讓牠待在小窩裡太久，否則小傢伙很快就覺得厭煩或緊張，進而想趕快回到你身邊。
- 如果小傢伙不請自來，你可以先假裝沒看到，經過一小段時間之後，再次下達「回到床上」指令，導引牠回到自己的小窩，然後再給予獎勵。
- 多練習幾次，讓小傢伙把獎勵和「回到床上」指令連結起來，將美好的經驗烙印在腦海裡，往後牠自然樂於遵從，乖乖地返回自己的小狗窩。
- 務必要以正面經驗作為每個訓練小節的收尾，讓小傢伙留住這個美好的記憶。儘管訓練方法簡單，但卻很有效，輕輕鬆鬆就能讓幼犬達成你的要求。

尋回（Fetch）

追著玩具跑是幼犬最大的樂趣之一，或許可以藉由「尋回」指令的訓練幫你省點力氣，不用每次都跟在小傢伙屁股後面撿東西，然後再把東西丟出去讓牠去追；作個聰明的主人，指揮幼犬自行撿回玩具交到你手上，輕輕鬆鬆就能讓雙方皆大歡喜！

如何讓幼犬學會「尋回」指令

1 手中拿著幼犬最愛的玩具，搖一搖，讓小傢伙覺得即將有什麼好玩的遊戲要開始了！

2 一旦牠把注意力放到玩具上，接著便將東西丟出去或往外滾，同時下達「尋回」指令；小傢伙一定馬上往玩具方向移動。

3 當牠叼起玩具，再用一個歡迎的手勢鼓勵牠
返回你身邊，並以歡欣愉悅的口吻說出「尋
回」這個字眼。如果小傢伙丟下玩具走回你
身邊，你只須走到玩具旁，再次鼓勵牠撿起
玩具，然後交到你手上。

4 只要小傢伙把玩具交給你，剛開
始你先不要直接從牠口中接過
東西。最好先摸摸牠、愛撫他，
並拿出零食作為獎賞，同時下達
「給我」的指令。為了取得你手
上的零食，牠一定要讓你先拿走
玩具，這樣一來，你就能不費吹
灰之力輕鬆取得牠口中的玩具。
千萬別忘記讚美小傢伙優異的表
現，然後再次重複上述步驟。

把東西交給我

務必要仔細挑選尋回標的物，
大小要剛好，幼犬可以輕易地叼
起，你也可以從牠口中輕鬆地取
出，而不需要讓手指飽受威脅。適
合的尋回玩具包含 Kong 公司生產
的相關產品、橡膠甜甜圈、拼布拉

繩（繩索玩具）或是附有牽引繩
的橡膠玩具（牽引玩具）。訓練初
期，當牠返回的時候，先叫牠把玩
具給你，而不是直接丟在地上；爾
後如果你有和愛犬一起參加服從性
競賽的打算，屆時就省事多了，因
為牠已受過尋回訓練，能夠依照你
的要求把標的物交到你手上。

手部訊息或暗號

或許你心裡曾有過疑問，為什麼有些飼主感覺像身懷異能，只要以特定方式移動手部位置或藉由幾個手勢，就能把狗狗控制得服服貼貼的！說穿了這一點都不困難，他們只是讓狗狗接受手部信號的訓練，根本沒什麼特別的。

如何和狗狗溝通

狗狗和人類不一樣，無法藉由言語表達自己的意思，只能運用肢體語言傳達彼此的意念。因此，如果單單光憑口語指令和聲調，幼犬偶爾會無法捉摸你對牠的期望。

當你工作不順或覺得心情有點糟，可能會不經意地從語調中洩漏情緒，但這樣卻可能讓小傢伙誤以為你是因牠而生氣。千萬要牢記，幼犬只對仁慈善意和獎勵回饋有所回應，尖銳語調或充滿怒意的言詞只會造成反效果，摧毀牠的自信心，讓之前的訓練心血功虧一簣。在幼犬心目中，你是最重要的支柱，如果你對牠露出任何不滿的情緒，只會讓牠更退縮、缺乏安全感。

為了避免上述問題，可以在口語指令訓練的同時，佐以手部信號（Hand Signals/Hand Cues）；而這種訓練方式對於失聰的個體也非常有用。此外，除了你以外，家中其他成員也要熟悉這一套手部信號和口語指令，以免讓小傢伙混淆。

手部信號和口頭指令對照

看著我
Watch me!

翻身
Over!

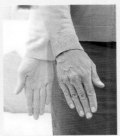

坐下
Sit!

靠過來
Close!

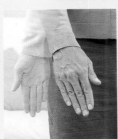

趴下
Down!

來這兒
Here!

起立
Stand!

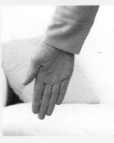

停留
Stay!

遊戲時間！

「你想要出去嗎？」、「你想玩遊戲嗎？」一旦小傢伙知道這些字句的含意，每天最盼望的應該就是聽你問牠這些問題。不管哪一個，只要你一說出口，牠勢必會將耳朵豎起、快樂地搖搖尾巴，用肢體表達自己幾乎破錶的意願！

享樂和遊戲

跟幼犬一起玩真是很有趣的經驗；在牠成為你的最佳拍檔之後，小傢伙最喜歡的部分（除了享用大餐之外），莫過於快樂的遊戲時間，這可以讓牠永保活力充沛、心情愉悅！

幼犬最喜歡散步和遊戲，兩者合而為一更會讓牠樂不可支！如果情況允許，可以在遛狗時安排一些餘興節目，或者改變每天的散步途徑，以維持牠的興致，並將注意力集中在你身上。

遊戲是訓練過程中非常重要的一環，藉此避免幼犬分心或四處閒晃。

此外，也可以利用玩遊戲的機

會，讓你們學習如何溝通、彼此信賴，在歡樂的氛圍中，逐漸培養合作的默契。

遊戲計畫

各種遊戲類型非常多樣化，簡單列舉如下：

捉迷藏

彎腰蹲下，躲在灌木叢或樹後面，然後再召喚幼犬找出你躲藏的位置。

尋寶遊戲

把玩具和零食藏起來，由牠自行追蹤線索，找出這些寶貝（請參閱 182-183 頁）。

追隨領袖

利用三角錐或其他物件，佈置一個簡單的障礙賽場地，讓小傢伙可以上上下下、鑽進鑽出，看看你們團隊合作的默契如何，需要花多少時間才能突破重圍！

找出來

準備一些空罐子或空瓶子，排成一列，在其中一個容器下方藏一塊零食，試試看小傢伙需要花多久時間才能找到自己的獎品。

安排餘興節目應注意事項

- 所有遊戲或運動最好和餵食時間錯開，吃飽後至少要等 45 分鐘。如果你和小傢伙挺著圓鼓鼓的肚子跑來跑去，絕對會消化不良。此外，當你無法陪伴幼犬，在牠必須獨處一段時間之前，可以藉由遊戲消耗精力，等你一離開，牠就可以心滿意足、安心入睡。

- 舊拖鞋或鞋子並不適合作為幼犬的玩具，否則小傢伙會誤以為所有鞋子都可以拿來玩。

- 避免使用棍子或木板當作玩具，表面突起的尖刺可能會刺到牠，棍子則會戳到牠；此外，也不要用石頭，這容易導致幼犬的牙齒受損，一不小心甚至會吞到肚子裡。

- 因為幼犬的身體正處於發育期，每天安排的遊戲最好採取少量多次的形式，切割成二到三個區段，時間短一點，避免過度活動影響健康。

響片訓練

　　利用響片作為訓練的輔具工具是非常聰明的抉擇，一旦幼犬做出你要求的動作，響片發出的喀噠聲，就像立即性的獎勵暗號給予牠正面的回饋。而且整個訓練流程並不困難，只要有心，多練習就能造就完美！

立即性滿足

　　響片是一種小型易攜帶的訓練輔助工具，外觀是塑膠盒，裡面有一片金屬簧片，只要大拇指一按，就會發出獨特的連續兩下點擊聲，因為體積小，能握在手心藏起來。儘管構造簡單，卻非常實用，只要輕輕一按，就能以喀擦聲「制約」幼犬行為，讓牠乖巧又聽話。

　　響片最大的優點就是時效性，只要小傢伙一做出你所要求的動作，便可以在那一瞬間按下響片，接著再以零食點心作為獎勵。這樣一來，牠很快就會知道，一旦自己完成某個特定動作，喀擦聲隨之響起，緊接著就會獲得獎勵。有喀擦聲，有獎勵；沒有喀擦聲，沒有獎勵！

　　此外，因為響片聲穿透力強，不受距離限制，儘管幼犬離你很遠，但只要一聽到喀擦聲，還是會乖乖回到你身邊領取自己應得的獎勵。如果能在訓練初期善用這個工具，就能大幅提升練習效益，達到事半功倍的效果，當小傢伙學會某種指令之後，響片就能功成身退，等進行其他訓練課程時，再拿出來使用。

把握時機！

　　掌握確切的時間點，是響片訓練最關鍵的一環。在正式運用到幼犬身上之前，你可以花點時間練習，直到能抓住時機準確按下響片為止。先把一顆球拋到空中，並在球落地前按下響片，或是對牆丟球，當球尚未碰觸到目標前，即時按下響片，採用上述方式提升自己的反應能力。

　　響片和其他訓練一樣，也須要

先準備一些美味的零食，剛開始進行時，先丟一塊零食給幼犬，在牠吞下肚子並返回你身邊之前，即時按下響片，讓小傢伙把喀擦聲和獎勵品連結在一起。操作響片時要特別注意，每次只能按一下，千萬不要把響片拿到幼犬頭部或耳朵附近。重複上述步驟，多練習幾次。

響片和獎勵

一旦幼犬已經將響片聲和獲取獎勵這兩個事件連結起來，接下來就能將響片應用到訓練過程中。以「坐下」這個練習為例：

1. 帶著幼犬，彼此都維持站姿，靜候適當時機，直到牠坐下為止。
2. 當牠往下坐的那一瞬間，按下響片並喊出「坐下」指令。
3. 拿出零食作為獎勵，也不要忘了多多讚美小傢伙的表現。

藉由這種方式，幼犬很快就知道，只要遵循聲音指令乖乖坐下，牠就能獲得獎賞。爾後再逐漸省略響片聲和食物獎勵，不過還是要給予口頭嘉獎，才能讓小傢伙知道自己已成功達成任務！

踏入人類生活

聲音和影像

當你設身處地與幼犬互換立場，想像自己處於一個充滿巨大生物、吵雜機器的世界，也不知道這些東西是否會造成任何傷害，以上正是小傢伙處於人類社會最貼切的心情寫照；等著牠的是光怪陸離的花花世界，而你的責任是要讓牠理解這一切其實就是日常生活的一部分，沒什麼好怕的！

這個聲音聽起來真恐怖！

對你而言，自己家裡就是最舒適安全的避風港，但對初來乍到的幼犬來說，因為從未接觸過居家生活中的各種影像、味道、聲音，難免有些驚慌；當牠第一次聽到電話、電視、洗衣機發出的噪音，可能會覺得很恐怖，尤其是狗狗的聽覺比人類敏銳，那種震撼的感覺應該會更強烈。

只要方法得當（請參閱 122-123 頁），就能讓自家寵物快速又輕易地適應日常生活的一切事物。在自然發展下，幼犬最好奇、最想探索未知世界的階段，差不多是 18 週齡之前，儘管會因品種或個體而異，不過概括而言，這是幼犬社會化過程最關鍵的一環。因此，務必要把握這個黃金期，讓小傢伙盡可能多接觸外界的新事物。

將各種場景納入日常生活

剛開始當你正在使用家用電器時，先讓幼犬待在其他房間，藉由活動式玩具或食物吸引牠的注意力（請參閱 16-17 頁、134-135 頁）；

這樣一來，牠會把噪音和一些美好的事物連結在一起，進而理解這些東西並不會造成任何傷害。

沒過多久，你再讓幼犬進入正在使用電器的那個房間，因為牠已經適應這些聲音，當然就不會大驚小怪。例如，作用中的吸塵器看起來就像一具噪音怪物，如果你把開關打開、固定不動，放手讓小傢伙去探勘，接下來牠就會調整自己的步調，漸漸理解吸塵器對牠是無害的。你不需要過度介入，幼犬很快就會習慣，把居家噪音視為日常生活的一部分。

街頭生存智慧

慢慢地你再將場景轉移到戶外，讓小傢伙熟悉四周擁擠的車輛和人潮，從繁忙的街道到市場，就像萬聖節前夕「不給糖就搗蛋」遊行一樣，帶著小傢伙到處去逛逛（請參閱 96-97 頁、170-171 頁）。逐漸把範圍擴大，直到牠將周遭環境的一切視為理所當然，不會因此而擔憂困惑。此外，每次出門前都要特別小心，仔細檢查項圈，最好稍微綁緊一點，否則當牠受到驚嚇、四處亂竄，可能會滑脫，造成安全上的隱憂。

坐車旅行

如果能讓幼犬參與日常生活的一切活動，那會有多棒！全家一起外出到公園踏青或到海灘戲水，這真是人生最大的享受。然而對很多家庭來說，在進行這些活動之前必須先開車到定點，所以小傢伙也要習慣搭車旅行，才不會孤伶伶地被留在家裡。

行車安全

為了讓幼犬成為快樂的旅行者，最好的方法莫過於將搭車旅行和某個愉快的事件連結在一起；絕對不能單單把小傢伙送上車，開到獸醫那兒，然後再回來，這只會造成反效果，讓幼犬誤以為上車之後，緊接著就是一場災難在等著牠！

為了安全起見，可以藉由室內用籠子運送幼犬，最好是牠已經很習慣、覺得很安全的小狗窩，不管是平時或旅行都用的上。適度限制

小傢伙的活動範圍，才不會讓開車的駕駛分心，如果有什麼萬一，也能保障牠的安全。此外，可以在籠子下方鋪設一些止滑墊，像是橡膠墊等，籠子裡面再鋪上一層軟墊。

如果幼犬的體型嬌小，或許可選用構造堅固的寵物提籠或狗狗專用柵欄取代室內用籠子；要是你想另外添購狗狗旅行專用安全帶也無妨，不過這對幼犬而言並不適用。

內有貴重物品，請注意安全！

除了小心開車之外，保持車內通風也是非常重要的一環，換檔要注意、轉彎要平順、慢慢踩煞車，這樣小傢伙才不會被甩來甩去。車速不穩定、飄忽不定，很容易讓暈車狀況惡化；務必要保持行車平穩，幼犬才不會暈頭轉向！

起初先從短程旅行開始，在住家附近街頭繞一繞；當幼犬乖乖進入籠子內，就拿出零食獎勵牠，等旅程接近尾聲，再獎勵牠一次；爾後再逐漸延長行車時間。

平安旅遊應注意事項

- 千萬不要讓幼犬單獨留在車上，就算你只進去便利商店一下子也不行，狗狗在短時間內很可能就會因為過熱而致死。
- 為了避免幼犬嘔吐，在上車前一刻千萬不要餵食，不過還是可以喝點水。在理想的狀態下，最好在上車旅行前幾個小時先讓牠進食。
- 在上車前先鼓勵幼犬上廁所。
- 在旅程中，隨身攜帶新鮮飲水和容器。
- 準備幾個塑膠袋、廚房用紙巾、橡膠手套、幾塊布、水、對寵物無害的消毒劑，以備不時之需。如果小傢伙暈車嘔吐或大小便，馬上派得上用場。

結交新朋友

幼犬需要建立自信心，理解人類對牠毫無威脅性，才能優遊自在面對人群，獲得大眾的矚目；而飼主的責任就是幫小傢伙達成這樣的境界！

讓我們同在一起

狗狗和人類一樣，也喜歡和朋友見面、交流；幼犬也有自己的社交生活，在附近鄰里公園、散步途中、訓練課程都會遇到熟悉的朋友，大家追來追去、玩在一塊兒！

當你遇到其他愛狗人士和他們養的小傢伙，也會想藉機連絡感情，分享各自的養狗經。如果你在當地屬於養狗新手，或許可藉由網路、報章雜誌、獸醫院等管道蒐集資訊，看住家附近有什麼訓練課程或遛狗聚會適合你和幼犬一起參與。

遇到你，真好！

試著讓幼犬多接觸一些人，最好涵蓋不同性別、年齡、外觀，藉此習慣跟形形色色的人類個體相遇、相處；而且一定要以獎勵的方式作為回饋，小傢伙才會把人類的陪伴視為值得享受的事件。舉例來說，當某人身穿制服出現在大門口，或出現一位穿皮衣、戴安全帽的摩托車騎士，在幼犬看來，可能都有點恐怖，所以一定要讓牠多看、多聽，逐漸習慣這些光景。你可以尋求路人的協助，只是簡單的舉手之勞，邀請他們對幼犬投以關愛的眼神，並拿幾塊零食犒賞牠（為了這個訓練另外再隨身攜帶一些零食），這樣一來，小傢伙就會把群眾當成對自己有利的對象。

適可而止

儘管社會化是幼犬適應人類生活的必經過程，但千萬不可以躁進，如果一下子讓小傢伙接觸太多群眾，牠可能會受不了！最好循序漸進，在一段期間內，以穩定的步調進行，這樣幼犬才不致承受太大壓力，慢慢習慣五花八門的人類個體。剛開始的訓練小節可以短一點，每天大概十分鐘就夠了。然而這絕不是一蹴可幾的輕鬆任務，終其一生愛犬都必須持續接受社會化的洗禮，唯有飼主投入時間與耐心，才能成功引領幼犬通過考驗！

抓住小傢伙

此外，你還要讓幼犬習慣突然被抓住的感覺；在很多情況下，不管是你或其他人都可能這麼做，像是牠遇到的一些小朋友，或是因為安全的理由，旁人必須在第一時間把牠抓起來。為了讓幼犬習慣這些突發狀況，最好能事先演練，在無預警的情形下，一把抓起牠，隨即再奉上零食獎勵，久而久之，小傢伙自然知道這沒什麼大不了，不需要窮緊張。

幼犬訓練學園

幼犬的社會化課程和人類托兒所類似,在安全而井然有序的環境下,小傢伙可以在這兒結交其他人類伙伴和犬族兄弟姊妹,循序漸進地學習如何和上述對象認識、打招呼、玩遊戲!

尋找適合的訓犬師

如果幼犬已接受預防接種並且習慣戴上項圈的感覺(請參閱30-31頁、68-69頁),為了讓牠盡快接受社會化過程的洗禮,最佳的途徑莫過於參加以此為目標的訓練課程,飼主可以多方打聽,以聲譽卓著的訓犬師為首選。

「口碑」是尋找訓犬師的不二法門,或許你可以諮詢培育自家幼犬的業者,看對方有什麼推薦人選。在你帶小傢伙正式接受課程之前,最好先詢問對方是否可以旁聽,以確保課程目標符合自己的需

求。真金不怕火煉，品質優良的愛犬訓練課程通常不會拒絕這個合理的要求。

如果課程是在室內舉行，特別要注意地板狀況，一定要是止滑鋪面，以免發生意外。此外，訓練過程嚴禁任何體罰，應以正面回饋的獎勵方式，讓小傢伙樂在其中。

「霸凌」靠邊站！

在上課時，幼犬有機會遇到其他狗狗和飼主，年齡體型各異，就像一座大熔爐，龍蛇混雜。剛開始大家都戴著項圈，彼此都有些約束，慢慢鬆綁解禁，這一群小傢伙很快地就知道，如何在容許範圍內追逐嬉鬧，逐漸建立起各自的社群位階。

在初期幾個階段，千萬不能強

迫幼犬去面對一些會讓牠驚恐的狀況；掌控全局的專業訓犬師應有足夠的能力，不讓打鬧場面失控並阻止霸凌的發生。

幼犬「派對」

這類型的派對通常比較適合10到12週齡的幼犬參與，年紀大一點的可以直接參加訓練課程。在每一次聚會中，相似年齡、個性或體型的個體最好不超過二到三個，以免發生恃強凌弱的情況，如果幼犬太過害羞，也不致於被其他外向的過動兒欺負。

在獸醫院舉辦的幼犬聚會，通常由內部護理人員舉辦，這其實是個絕佳的機會，讓幼犬得以熟悉裡面的工作人員，進一步地喜歡那個環境，樂在其中！這樣一來，牠就不會把獸醫院診療室的影像和聲音，單單和打針或其他不愉快、恐怖的負面經驗連結在一起。

狗狗保姆

幼犬也有和成犬接觸的必要性，有些訓犬師專門為了這個目的而培訓幾隻訓練良好的狗狗助教，牠們熱愛小傢伙卻不允許粗暴的遊戲方式。這些「保姆」助教們會指導幼犬如何尊敬長者，舉止合宜，不能有過分挑釁的舉動。

看醫生

如果幼犬喜歡看獸醫，這樣一來，往後你們每次上醫院時的情緒就不會那麼緊繃；或許你可以參考下列幾個原則，讓造訪獸醫院不再是痛苦的折磨，不管你們到那兒的理由為何，都會是一趟愉快的旅程！

前置準備工作

首先，你必須選一家感覺還不錯的獸醫院幫幼犬註冊登記、掛號看診，盡可能多比較幾家，從中選取最適當的；趁著造訪的當下，多觀察一些細節，如果獸醫師或其他職員對你不理不睬，也不關心你們家小寶貝，那乾脆就選別家吧！要是你覺得不自在，緊張的情緒也會感染到幼犬，只要你一踏進那個地方，小傢伙也會感到害怕。

當你載著幼犬就診途中，千萬要小心謹慎地駕駛（請參閱94-95頁），否則牠會把這個不愉快的經驗和造訪獸醫院這個事件連結起來。

為求心安，本書建議你幫寵物購買保險，或定期將收入的一小部

分存起來，作為愛犬的醫療基金，不管是定期健康檢查或意外的疾病就診都可以派得上用場。

放輕鬆，小寶貝！

造訪獸醫院之前，最好多準備一些零食，在整個過程中，記得要持續給予幼犬食物獎勵，讓牠把這次旅程和美好的記憶連結起來。當在診間候診時，你可以拿一些零食和小傢伙最愛的玩具吸引牠的注意。此外，你也要保持冷靜，讓幼犬知道這一切都很平常，牠不需要特別擔心什麼。同時也可以尋求獸醫和內部職員的協助，請他們愛撫一下自家小寶貝，這樣一來，幼犬才會覺得這些人都很友善，在四周走動沒什麼好怕的。

如果可能的話，可以經常帶幼犬去獸醫院逛逛，就算不是為了看診，純粹只是打聲招呼也好，藉此

讓牠習慣那兒的環境，才不會每次去醫院都緊張兮兮的。很多執業獸醫師也都鼓勵這種做法，對他們來說，患者冷靜而放鬆，總比擔心害怕好處理多了吧！

派對時間

沒經過「獸醫訓練」洗禮的狗狗，通常不喜歡造訪獸醫院；因為牠們到那兒的理由純粹只為了看診，對獸醫院的印象只有不舒服甚至很痛苦。如果可以的話，飼主不妨考慮一下參加執業獸醫師所舉辦的幼犬聚會（請參閱 98-99 頁），讓小傢伙一開始就把獸醫院當成一個好玩的地方，裡面充滿遊樂、玩具、零食，友善的職員也會輕柔地愛撫自己，根本就不是痛苦折磨的烈火地獄。

寵物旅館

當幼犬年紀大一點之後，你或許偶爾會有外出渡假的念頭，而且你也想讓小寶貝享有同樣高規格的待遇，幫牠安排五星級寵物住宿飯店，在裡面好好放鬆，享受美好的歡樂時光！

A1 級住宿

在某些狀況下，你別無選擇只能把幼犬送往寵物旅館寄宿；然而你卻可能很苦惱，擔心小傢伙因為你的缺席而悶悶不樂。但你真的不需要顧慮太多，市面上寵物旅館五花八門，你可以選一家口碑良好的，藉機讓幼犬好好享受一番。而且你也不用煩惱小傢伙會把你給忘了，等假期結束，再次看到你的瞬間，牠一定歡欣鼓舞、滿心期盼！

寵物旅館大搜尋！

如果你想幫小寶貝找一間適合的寵物旅館，最可靠的管道莫過於周遭親友，諮詢一些養狗同好或親戚、訓犬師等，看他們能否提供推薦的候選名單。此外，也可以從獸醫院候診室、寵物美容院或寵物用品店的公佈欄取得相關資訊。然而要是都沒什麼結果，最後再試試報章雜誌的廣告、電話簿的工商名錄、圖書館或網路。

等名單到手之後，接下來再逐一拜訪清單上的寵物旅館（請參閱下一頁）。千萬要謹記，優質的寵物旅館大多要事先預約，千萬不要等到最後一刻才登記，那可就來不及了。

幼犬汽車旅館

在假期當中，很多人選擇縱容自己，吃的好、住的好、睡的好，他們認為自家寵物也應享有同樣高規格的服務品質。某些寵物旅館可以提供像居家環境一樣的舒適空間，扶手椅、音樂、中央空調、現

做的新鮮料裡，甚至在專人監督下，讓愛犬得以享受在溫水游泳池舒展四肢的快感！然而這種高品質寵物旅館的收費，絕對比一般寵物旅館昂貴許多，就看你捨不捨得砸重金投資，當你外出渡假花大錢放鬆身心、解放自我的同時，小傢伙也正享受頂級奢華的服務，蠟燭兩頭燒的狀況下，你是否能負擔帳單上頭的天文數字！

選擇寵物旅館應注意事項

——造訪候選名單上所有寵物旅館，看這些地方是否符合你的標準。反過來，寵物旅館大多也會要求寄宿對象接受最新的疫苗接種，並檢查相關證明文件。一般而言，寵物旅館的基本要求如下：

- 乾淨清爽。
- 領有當地主管機關授予的執業證書，並將證明文件懸掛於明顯處。
- 工作人員都很友善、熱愛狗狗、樂於助人。

當你造訪寵物旅館時，務必要記得詢問下列細節：
- 每天的收費和所包含的服務項目。
- 各項活動安排。
- 當你不在的期間，如果幼犬生病了，他們會採取何種應變措施。
- 寵物旅館是否有投保，保險範圍涵蓋哪些項目，在他們的照護下，要是幼犬脫逃、迷路、受傷，甚至最壞的情況下，不幸意外身亡，理賠的額度和後續賠償事宜等。

瞭解自家幼犬

學習和狗狗溝通

如果飼主越瞭解幼犬，知道牠內心想傳達的意念究竟為何，牠當然會越快活，你們之間的關係也會越好！對「狗狗語彙」的認識越深入，你和幼犬彼此的生活也會更豐富，在各方面都會帶來一些意想不到的收穫！

彼此瞭解

因為先天構造的限制，不管你多努力，小傢伙的智商有多高，牠永遠不可能全盤理解人類的語言。幼犬精通的只有「狗狗語彙」，利用特定的行為舉止和肢體語言傳達自己的意念。儘管小傢伙可以學會一些口語指令，但牠畢竟沒辦法開口說話，只能透過其他方式不斷嘗試和你溝通交流。

藉由敏銳的感官知覺，幼犬可以偵查出四周環境的狀況，據此做出適當的反應。但是千萬別忘了，小傢伙所接受的訊息有別於你我，牠的視野比較低、對味道的感覺更為強烈、聽力所及的範圍也比人類寬廣。

細心觀察，從中學習

為了理解幼犬內心深處真正想傳達的意念，你可以試著觀察牠和其他狗狗相處的情況，看牠們彼此藉由何種方式溝通。只要細心一點，不久之後你就會發現狗狗主要是利用肢體語言交談，尾巴的位置、身體姿態、舉止，以及眼、耳、口等部位的表情，這些都是重要的關鍵。幼犬也是透過同樣方式和人類溝通，所以飼主最好試著理解各式各樣的搖尾巴方式（請參閱110-111頁）和其他肢體動作所代表的含意。

快樂或悲傷？

觀察狗狗情緒反應的通則如下，一般而言，如果幼犬快樂又充滿自信，整體看起來應該很放鬆，頭部上揚，尾巴直立，或因為心情愉悅而左右搖擺，耳朵豎起，嘴巴和上下顎的肌肉也會很鬆弛。

至於一隻不快樂的狗狗，則會比較退縮，甚至藉由一些異常舉動來舒緩自己的情緒，例如刻板行為／自我強迫行為（Stereotypies/Obsessive Behaviour）等。

有些幼犬會因為飼主忙亂的生活步調而感到緊張，為了避免這種情況，你最好事先排開一些事情，盡可能滿足牠的需求。千萬要注意自己的行為舉止或語調高低，如果你將不耐煩的情緒傳達給幼犬，極可能會傷害牠幼小的心靈，讓牠心情低落。

綜上所述，深入瞭解幼犬的個性，才能真正掌握牠的情緒，並做出最適當的處置，這也是引領小傢伙通往快樂泉源的不二法門。

快樂的小傢伙

你怎麼知道幼犬是否快樂呢？你怎麼分辨牠是否喜歡你？學習理解小傢伙內心真正的想法，有助於你們友誼關係的發展！

幼犬語言

幼犬通常來者不拒，不管對象是人還是動物，牠都喜歡，並且樂於結交招呼新朋友，藉由各種肢體語言、姿勢、臉部表情、聲音、以及行為舉止表達自己的想法，飼主只要知道這些動作所代表的意義，就能分辨小傢伙的心情好壞。

就像人類一樣，狗狗也會有晴時多雲偶陣雨的情緒變化，有時候快樂而滿足，有時候沮喪、挫折、害怕、緊張、生氣，甚至無法壓抑攻擊對方的衝動。隨著你們關係逐漸發展，你會發現解讀幼犬的心情並非難事，只要觀察牠的肢體語言，一切就能了然於胸。當你知道小傢伙真正的感受與需求，自然能提供牠更美好的生活。

快樂的幼犬

一隻快樂的狗狗，應該滿懷自信，冷靜而放鬆，能夠自得其樂，不會一直尋求別人的注意，或製造

一些異常問題;此外,牠的胃口應該很正常,外表看起來就是一個健康寶寶!

每隻狗狗都有自己獨特的個性,表達快樂的方式也不同,有的可能看起來很愛玩、充滿活力,就像閒不下來的好奇寶寶,有的看起來卻懶洋洋的,比較安靜、缺乏活力。不消多久,你應該很快就知道自家寶貝到底是不是過動型快樂寶寶!

牠真的喜歡我嗎?

如果幼犬認定你是全世界最棒的主人,在你的伴隨下,牠應該非常放鬆,樂於享受你溫柔的愛撫,希望你將注意力集中在牠身上,當你想和牠玩的時候,也能立即做出回應。然而要是小傢伙根本就不喜歡你,就會充滿警戒,盡量避免和你接觸;在這種情況下,你必須虛心檢討,學習如何修補彼此的關係。

肢體語言

飼主通常可以藉由幼犬的姿勢和行為,解讀牠內心深處真正想傳達的意念,以下所列舉的是一般常見的狀況:

挑釁、害怕和/或不確定	四肢僵硬,動作不連續,低嚎/吠叫,尾巴夾在兩腿之間。
自在/滿足	肢體放鬆,動作平順。
沉穩而警戒	表情和藹而親切,耳朵豎起。
受到驚嚇	背部弓起,耳朵下垂,威嚇的表情,吠叫或哀鳴。
不開心或生病了	姿勢僵硬,耳朵下垂,動作遲緩。
服從	蹲踞,舌頭伸出舔嘴唇,哀鳴。
玩心大發/開心/希望引起注意	肢體放鬆,搖尾巴,笑臉迎人,耳朵自然下垂,興奮的吠叫。

搖尾巴

幼犬的尾巴就像情緒指標一樣，可以藉此判斷牠的心情究竟如何。當牠搖尾巴的時候，你可能認為這是因為牠很快樂，看到你讓牠很開心，然而這樣的解讀卻不一定正確。

社群生活的各種信號

通常在幼犬6～7週齡之後，才會出現搖尾巴的動作，在這段期間，牠開始學習社交技巧，享受遊戲的樂趣。如果在娛樂時間結束之際，情況卻稍微有點失控，狗狗可能也會藉這個動作傳達舉白旗投降的念頭。

狗狗搖尾巴就像人類微笑或握手一樣，同時也是興奮或愉快的徵兆，當你拿著項圈走向幼犬，正準備帶牠出門散步，小傢伙可能就會搖尾巴表示自己歡欣鼓舞的心情。然而這個動作也是警戒或挑釁、自衛的徵兆。

幼犬做出搖尾巴的動作，通常只是因為牠想傳達自己的意念，並藉此獲得適當的回應。最好的例子莫過於餵食，當你捧著一碗飼料慢慢接近牠，彼此卻沒有任何互動，你只是逕自走向房間將碗放在地板上，這時候小傢伙應該不會搖尾巴示好，反而直接走進房間，衝向地上的飼料。

小心，搖尾巴不見得是友善的表示！

在某些狀況下，或許是遛狗途中遇到一隻不熟悉的幼犬或成犬，這時候搖尾巴可能是因為小傢伙有點擔心或不安全感所引起的。為了正確解讀幼犬的肢體語言，飼主必須試著觀察牠尾巴的位置、擺動的方式，並將周遭環境因素和幼犬表現的其他徵兆納入評估。

沒有尾巴怎麼辦！

相關研究指出，如果剪掉幼犬的尾巴（因為趕流行而動手術移除），可能會讓牠無法展現正常的社交行為。理由之一是因為這樣的狗狗根本沒辦法和其他個體溝通，不管對方是幼犬或成犬，都不能藉由尾巴的位置解讀牠真正的想法。

尾巴位置代表的含意

愉快而友善	尾巴上揚，自信地左右搖擺。
嬉鬧的	尾巴擺動，肢體放鬆，笑臉迎人，耳朵下垂。
好奇的	尾巴上揚，可能有點緩慢、不確定或不規則的擺動。
不確定／不安全感	尾巴朝下夾在兩腿之間，遲疑的擺動。

害怕	尾巴朝下夾在兩腿之間。
挑釁	尾巴上揚，從基部往上挺立，毛髮豎立，也可能來回擺動。
伺機而動，想掠奪的	尾巴豎直，位置低卻靜止不動（這樣才不會驚擾到獵物）。

幸福滿足的小寶貝

飼養幼犬是雙向交流的過程，愛玩的小寶貝可以幫你的生活增添不少樂趣，讓你覺得心滿意足；但反過來，你也必須負起責任，竭盡所能讓牠快樂，每天都幸福滿溢！

尊重幼犬基本生存權利

為了讓幼犬成為全世界最幸福的狗狗，你必須多下點功夫，自我充實，才能當個稱職的好主人。在此同時，最好先確保你已經做足了準備，讓小傢伙身心維持在最佳狀態，「好還要更好」，只要用對方法，不需要花費太多時間、金錢或努力，就能達到事半功倍的成效。

讓幼犬幸福滿足的關鍵其實很簡單，飼主必須將心比心，細心體察牠的感受，就像你關懷人類親友的做法一樣。不管你的心情好壞，都要將小傢伙擺在第一順位，謹言慎行，千萬不要在言行舉止當中透露出不耐煩的情緒，因為幼犬無法瞭解你的情緒反應並非針對牠而

來，你只能試著控制自己的心情起伏，無私地滿足幼犬的需求，讓牠身心都獲得撫慰。以上這些正是學習尊重幼犬的第一步，只要你有所付出，小傢伙也會加倍地回報你，死心塌地跟著你一輩子！

尊重幼犬的守則

接近

避免突然衝向幼犬的舉動，或在牠身邊大聲喊叫，小傢伙會誤以為這是挑釁的表示。不過為了以防萬一，本書還是建議飼主，讓幼犬習慣突然被抓起來的感覺（請參閱96-97頁）。

理解

如果幼犬露出本色，做出一些不適當的舉動，例如翻攪其他動物的糞便或把鼻子湊近其他狗狗的尾巴下方，這時候千萬不要責備牠，要解決這個問題其實很簡單，只要一件玩具或零食，就能成功轉移小傢伙的注意力。

陪伴

長期讓幼犬在缺乏人類陪伴的狀況下生活是非常不公平的，而這也可能導致異常行為的產生。

安全

千萬不要讓幼犬暴露於危險或不舒適的環境下，像是周遭充滿不受控制且充滿挑釁意味的狗狗。

通往快樂的十項法則

1 幫幼犬制定一套規律的生活模式，並且要嚴格執行。

2 準備一些有趣的玩具和遊戲，讓牠的生活充滿樂趣（請參閱138-139頁）。

3 把玩具和食物藏起來，讓幼犬自己去搜尋，以保赤子之心，對一切事物都滿懷興致。

4 讓遛狗行程更多樣化，等牠年歲漸長，再嘗試一些新的活動。

5 定期修剪毛髮、打理門面，避免蟲害侵擾。

6 訓練牠獨立自主，執行一些簡單的工作，例如找出項圈或叼回自己的餐盤。

7 提供幼犬專屬的舒適小窩。

8 確保幼犬營養均衡、飲食無虞，並提供新鮮潔淨的飲水。

9 每天例行性的健康檢查，看牠身上是否有異常的腫塊或突起，或任何生病的徵兆（請參閱120-121頁）。

10 每天都要甜言蜜語，告訴小傢伙，牠是全世界最漂亮的小寶貝！

將心比心，尊重幼犬的感受

　　試著想像一下，當你和某人一起生活，只要和對方四眼相對，就會讓你不寒而慄，在這種狀況下，你怎麼快樂的起來！以上正是幼犬的生活寫照，牠需要透過學習，才能習慣以雙眼正視你卻不會感到恐懼。為了解決這個問題，飼主最好每天花點時間進行這個練習。

眼神交流

　　眼睛也是幼犬溝通的工具之一，藉由小傢伙的眼神和牠是否自發性注視你這些線索，解讀幼犬內心真正想傳達的意念。

　　在野外，當狗狗瞪著其他個體，這是向對方下戰帖的意思。因此，某些狗狗和人類對望時會有不自在的感覺，同時也會呼吸加速、並開始舔嘴巴。某些意外狀況的發生，就是因為肇事狗狗在幼犬階段沒有受過社會化過程的洗禮，不習慣和人類眼神交流，等牠長大後，極可能會引發突然性的攻擊行為，在牠看來，先下手為強，自己才不會笨到等對方出手再反擊！

　　為了避免上述悲劇降臨在你我身上，最好經常和幼犬以傾慕的眼神互相對望；你必須讓牠瞭解，與人類眼神交流是非常自然的，不用太過驚恐，而且這其實是獎勵的表示。

注目禮

引導愛犬用眼神彼此交流要從小開始，讓牠把這種行為合理化，不要視為令人驚恐或挑釁的舉動，尤其是家中有幼童的情況下，更需要加強這方面的訓練，因為當他們一起在地板上玩耍的時候，視線的高度相仿，那種感覺會更強烈。

讓幼犬習慣和人類眼神接觸有助於提升自信心，每天花一點時間和小傢伙玩這個遊戲，除了心靈層面的關懷之外，再佐以實質的零食回饋，鼓勵牠將眼神投注在你身上。一旦幼犬專注地望著你，記得要大方地獻上口頭讚美和食物獎勵，很快地，你就可以省略食物獎勵這個步驟，小傢伙只消聽到你溫柔和煦的聲音，就會心滿意足、喜不自勝！在潛移默化的過程中，幼犬也會逐漸習慣你和牠之間的眼神交會。

「注意」（Watch）

不管什麼時候，讓幼犬隨時把注意力轉移到你身上，是非常實用的一項訓練。為了達成上述目標，或許可以藉由響片這個輔助工具（請參閱 88-89 頁），每當你希望牠將焦點投注在你身上之際，便下達「注意」的指令；一旦牠做出正確的回應，就要按下響片，並奉上香噴噴的食物獎品。經過反覆練習之後，就算只有口頭指令，小傢伙也會乖乖地對你投以注目禮！

臉部表情

　　透過細心的觀察，你會發現幼犬居然會利用各式各樣的表情，傳達自己真正的情緒，而這也是牠溝通的方式之一，對著你或其他狗狗放送訊息。以下將列舉一些狗狗常見的臉部表情供飼主參考，你可以試著從中找到答案，看看小傢伙噘嘴的動作，到底是索吻還是因為困惑所引起！

注意牠的嘴巴

　　你可以試著多觀察幼犬，在遊戲時、當牠感到害怕或受威脅時，在各種狀況下牠會有什麼樣的臉部表情，然後再將小傢伙的其他肢體訊號和當時牠所處的環境納入評估，這樣才能深入瞭解牠的內心世界。及早學習解讀幼犬的表情，知道牠真正的感受，在遇到問題之前，先預作準備，以免情況惡化如滾雪球般，一發不可收拾！

　　幼犬的口吻部、鬍鬚和頸部都很敏感，當你在愛撫這些容易受創的部位時要特別當心。

理解狗狗各種表情的含意

快樂 幼犬嘴巴微張，舌頭的一部分可能會外露。

好奇 牠通常會閉著嘴巴，也許會側頭，稍微豎起耳朵，眼睛直視牠有興趣的標的物。

聆聽 幼犬或站或坐，身體直挺挺的，閉著嘴巴，豎起耳朵，試著搞清楚牠聽到的究竟是什麼。

屈服 蹲伏舔嘴或打呵欠，藉此表

示：「我只是個小傢伙，請不要傷害我！」

擔心 如果幼犬嘴巴緊閉，轉頭避開先前看到的某項事物，這表示牠非常沒有安全感，並且很憂心。這屬於被動負面情緒的展現，而不是主動攻擊的前兆，當牠露出這種表情，飼主要趕緊撫慰牠低落的心情。

緊張 如果幼犬感到害怕，牠會將頭部放低，耳朵朝後，嘴唇鬆弛或往後拉。

威嚇 幼犬的嘴唇往後翻轉，露出牙齒和齒齦，這個動作通常會接在其他更細微的肢體訊號之後，例如當牠轉頭避開讓牠害怕的對象，但卻徒勞無功時。

挑釁 當幼犬張嘴、皺鼻、露出所有牙齒，這就表示最後的警告，牠即將撲向前去、大口咬下！

微笑的小傢伙

某些犬種，包含大麥町（Dalmatian）、杜賓犬（Dobermann）和多種梗犬（Terrier），是一般熟知的「微笑的狗狗」，因為牠們迎接主人的方式很特別，嘴巴微張、露出門齒和犬齒，但這並不是挑釁的徵兆，而是屈從的表現。

我不開心，快點幫幫我！

幼犬如果是一隻快樂的健康寶寶，應該會展現與生俱來的天性，好奇、愛玩、對周遭環境興致盎然。然而要是小傢伙一點都不像上面描述的那樣，連你也感受到牠低落的情緒，這時候你可能需要扮演名偵探柯南，找出原因，對症下藥，提供一些可以讓牠昂首闊步的興奮劑！

幼犬生病了嗎？

當幼犬心情低落時，通常睡眠時間也會拉長，對一切都提不起興致，像縮進殼裡的蝸牛一樣，不喜歡社交，有時會意志消沉，有時會產生攻擊性行為；此外，牠還會拒絕進食、呼吸急促、哀鳴、咆哮、

狂吠，或過度依賴你。當小傢伙有上述徵狀，一定要馬上就醫，看是否因為身體不適所造成。

嗅覺療法

透過獸醫的診斷，如果幼犬心情低落並不是因為身體不適，為了舒緩牠沮喪又緊張的情緒，或許可以投予犬安慰性費洛蒙噴劑（Dog-Appeasing Pheromone），很多獸醫診所都有供應這種藥劑。DAP是一種化學合成物質，母犬產下幼仔過後幾天的哺乳期，會分泌一種和 DAP 成分相同的天然物質，其作用主要是安撫幼犬，讓牠的心情更穩定。

造成幼犬心情低落的可能因素

無聊 常見於某些活力充沛的犬種，牠們就像靜不下來的過動兒，一旦生活過於安逸很快就會感到無聊，例如梗犬（Terrier）、牧羊犬

（Collie）。

治療處方 多找些事情讓小傢伙忙碌一點，做一些腦力激盪的活動，請參閱 113 頁「通往快樂的十項法則」。

緊張 如果家裡有一隻以上的狗狗或寵物，幼犬可能會很緊張，因而過度依賴飼主或害怕周遭喧鬧的噪音。

治療處方 找一處可以讓幼犬好好休養的避風港；DAP 噴劑（請參閱上一頁）也能有效舒緩牠的情緒。

未接受結紮手術的幼犬 一旦小傢伙到達性成熟階段，但卻無法交配或繁衍後代、紓解與生俱來的欲望，這可能會讓牠心情低落、甚至有挫折感。未接受結紮手術的狗狗通常會四處徘徊尋找交配的機會，並表現出類似交配的動作，也可能因為挫敗感而產生攻擊行為。

治療處方 如果你沒有幫愛犬配種的打算，最好讓牠接受結紮手術（請參閱 126-129 頁）。

環境 熱愛家庭生活的狗狗或小型玩具犬，一旦長期無法和人類保持接觸或被限制在戶外環境生活，可能會導致不愉快的情緒；相反的，如果是長毛犬種卻可能比較喜歡待在室外，因為屋內熱烘烘的，讓牠覺得很不舒服。

治療處方 慎選犬種（請參閱 10-13 頁），盡量不要讓幼犬長時間獨處。

幼犬健康檢查

當你越來越瞭解自家小寶貝之後，就會慢慢知道在什麼樣的狀況下，小傢伙才算是穠纖合度的健康寶寶，一旦牠的精神萎靡或稍有不適，你也可以及早發現、預作處理。隨時注意幼犬的動靜，看牠是活力充沛還是病懨懨的，如果有必要的話，趕緊接受獸醫的診療。

幼犬心情不佳的徵狀

當幼犬不舒服的時候，你一定會很憂心；但只要早期發現，盡快接受治療，小傢伙很快又能恢復，重返健康又快樂的模樣！幼犬身體

微恙的徵兆如下：異常的舉動、食慾或行為改變、沮喪的哀鳴、增加或減少水分攝取量、有排便的困難。仔細觀察幼犬是否有上述現象，在獸醫問診時，盡可能提供足夠的資訊，以加速診斷過程，獲得適當的治療。

可憐的小傢伙

過度順從、受驚或痛苦的異常行為；眼睛混濁或過於濕潤（儘管面對強光，瞳孔卻放大擴張，這可能是瞎眼的徵兆）；耳朵很髒、傳出難聞的氣味；皮膚積垢、皮屑脫落、長滿疙瘩，這可能是寄生蟲感染的症狀；開放性疼痛；搔癢不斷（由行為就可窺見端倪，或皮膚局部紅腫）；在肛門附近有糞便殘留（腹瀉）；臍環疝氣（腹部中央腫脹）；下腹部腫脹（可能感染內寄生蟲）；毛髮骯髒、蓬亂、缺乏光澤、豎直；動作僵硬或一跛一跛

的；哀鳴不斷。

生龍活虎的小傢伙

保持警戒，
好奇地四處探索；
明亮潔淨的眼睛；
乾淨的鼻子（有點
濕潤是正常的）；光
滑潔淨的毛髮；乾淨
柔軟的皮膚，沒有皮屑或寄
生蟲；耳朵潔淨沒有難聞的
氣味（可以在幼犬視線範
圍外發出聲響，看牠是否
能察覺，藉以測試小傢伙
的聽覺）；肛門附近很乾
淨；沒有腫塊或突起（特
別是肚臍上面）；牙齒潔淨，齒齦
紅潤；體重正常；腹部平坦（除非
小傢伙剛吃飽）；呼吸輕而平穩；
動作輕盈自在。

立即性診斷

幼犬消化不良可能會導致立即
性脫水現象，因為牠的身軀嬌小，
水分以及身體必要的鹽分和糖分
（電解質）流失很快。如果小傢伙
的情況沒有改善，一定要在幾小時
內緊急送醫求診；要是症狀發生的
頭幾個小時，病情持續惡化，務必
要立即諮詢獸醫的專業意見。

重要指標

溫度	38.1 ～ 39.2℃ （100.5 ～ 102.5 °F）。
脈搏	每分鐘 62 ～ 130 下，幼犬的體型越小，脈搏越快。
呼吸速率	每分鐘 10 ～ 30 下，小型犬的呼吸速率較快。

膽小的幼犬

狗狗就像人類一樣，有些幼犬生性害羞靦腆，無法一下子融入新環境，需要多點時間，才能走出自己的象牙塔。在你細心的呵護下，小傢伙從內向退縮到活潑充滿朝氣，這一路走來的點點滴滴，相信會是你最珍貴的回憶！

跟平常一樣！

一般而言，如果幼犬在早期沒有受過社會化過程的洗禮，通常比較容易緊張，面對陌生的新環境當然會更害怕，需要一點時間才能慢慢適應。儘管你心知肚明，但卻不能過度寵溺初來乍到的小傢伙，只要像平常一樣即可，幼犬很快就會知道，根本就不會有巨大的妖魔鬼怪要傷害牠、一口把牠吞掉。

對著緊張的幼犬放送一些舒緩情緒的訊號，像打呵欠或緩慢的眨眼動作，就算小傢伙看著你，希望你能給牠安全感，你也不能回頭直接注視牠。如果牠很焦慮，也要假裝沒看到，盡可能像平常一樣，運用你的肢體語言告訴牠「不要怕，這沒什麼好擔心的」。

要是情況允許，最好盡早帶幼犬參加社會化訓練課程（請參閱98-99頁）。

「勇敢一點！」

幫幼犬準備一個溫馨舒適的小窩，讓牠先在裡面休養生息（請參閱36-41頁），當牠準備好了，再自行走向你或家中其他成員以及來訪的賓客。只要幼犬把這個家當成安全的避風港，四周的人類也非常和藹可親，牠自然而然地會放鬆心情，自得其樂，逐漸建立起自信。為了打破你們之間的藩籬，或許可以藉由一些美味的食物和幼犬最愛的玩具，吸引牠接近你或家裡其他

人、甚至來訪賓客，促進彼此的良性互動，讓小傢伙知道人類還真是不錯啊！

狗狗專屬「芳香療法」

為了舒緩幼犬的焦慮感，讓牠好過一些，或許可以利用 DAP 噴劑（請參閱 118 頁），如果小傢伙因為噪音而受驚，裡面的成分能夠平復牠的情緒。此外，去敏感化 CDs（可購自寵物用品店）也可以幫助幼犬逐漸習慣令人驚恐的噪音；然而如果小傢伙對噪音異常恐慌，最好還是送牠到獸醫那兒接受聽力檢查，看牠是否對噪音過敏。

冷靜下來！

　　所有幼犬都愛玩，但某些個體卻特別熱中於遊戲。事實上，小傢伙身上的能量取之不盡，就像發電機一樣，推著你一路往前走，儘管你已經跪地求饒，但牠還是需索無度，希望你再多陪牠玩一會兒！以下將列舉一些方法，讓你得以兼顧雙方的需求，從中取得平衡。

遊戲和享樂

　　如果飼主無法提供幼犬足夠的運動和遊戲，牠還是會受到本能的驅使，自行尋找發洩的管道。然而由你的角度來看，可能無法理解小傢伙這些努力的動機和成效，牠認為有趣又好玩的事情，你可能會當成一點都不具建設性的壞習慣，全然無法接受！

信號辨識

　　幼犬通常會想盡辦法吸引飼主的注意，但如果牠做出下列舉動，這可能是因為你沒有讓小傢伙有足夠的機會舒展身心，例如亂咬家用品、偶爾出現追自己尾巴的異常行為。一旦發生這些狀況，你千萬不能處罰牠；反而要付出更多關懷、多關注小傢伙的飲食起居，每天多

花點時間陪牠運動、玩遊戲,讓牠
藉由較具建設性的行為發洩旺盛的
精力,這樣你們彼此的關係才會更
融洽。

如果幼犬開始不斷地騷擾你,
希望你一直注意牠的存在,經常
過度興奮(過動),且出現刻板行
為,例如一再追逐自己的尾巴或來
回踱步,最好諮詢獸醫的專業意
見,以免情況惡化。

寓教於樂

為了避免這種情況發生,可以
預先建立一套規律的模式,每天撥
一些時段當作小傢伙的遊戲時間,
不需要太久,最好少量多次,讓遊
戲保持新鮮感,你們才會覺得比較
刺激。務必要在幼犬過度興奮之前
見好就收,以免情況失控。

此外,你也可以在遊戲當中穿
插一些訓練,並給予適當的獎勵,

吊一吊幼犬的胃口,讓牠更期待這
段歡樂時光!藉由這種方式,將幼
犬打造成知足又馴服的居家犬。

安全第一

所有幼犬都熱愛冒險,對新事
物充滿好奇,為了滿足這方面的需
求,或許你可以考慮短距離的散步
行程,讓牠有機會四處探索,卻又
不致於對尚未發育完全的筋骨造成
太多負荷。在自家花園玩一些有趣
的遊戲也是不錯的主意,不過盡量
避免過度壓迫小傢伙的關節,例如
讓牠追逐拋擲出去的玩具或跳躍的
動作。

當外出散步期間,如果幼犬開
始露出疲態,最好先休息一會兒,
然後再繼續。千萬不要因為一時心
軟,抱著小傢伙踏上歸途,一旦讓
牠養成壞習慣,沒過多久,你就會
悔不當初!

小傢伙的青春期

你那團可愛的小毛球，無可避免地會逐漸成長茁壯，也會產生一些身體的變化。在幼犬到達青春期之前，你可以先瞭解牠在什麼時間點、會有什麼改變，及早預作準備，以免遇到問題時措手不及，不知如何因應。

吾家有犬初長成

在正常情況下，幼犬在 20 ～ 24 週齡（5 個月大）大約等同於人類 10 歲幼童，且小型犬的發育較快，大型犬則因為體型的關係所以比較慢熟（大約 14 個月）；在這個階段，幼犬體內的荷爾蒙開始作用，身體自然而然地產生變化，為了養兒育女而預作準備。

當小傢伙性成熟之後，可能會做出一些不雅的動作，像是騎在人類腳上、為了尋找交配的對象離家出走、攻擊性變強、四處標記氣味（甚至直接在家撒尿）。

六月週期

幼犬一旦到達青春期，雌性個體會開始發情，出現一些明顯的情緒波動、怪異的行為、在屋裡撒尿或便便，並試圖騎到其他狗狗或軟性玩具上。爾後就進入六個月的發情週期，每次持續 21 天，在這段期間牠會由臀部附近的陰道口排出經血。

不受歡迎的仰慕者

當雌性個體進入發情期，身體會釋出一些化學物質，也就是所謂的費洛蒙，藉此吸引異性，昭告自己的生理狀態，也因此在住家附近會開始出現雄性個體四處徘徊。大自然的力量無遠弗屆，來自四面八

方的仰慕者將絡繹不絕，而你的任務就是當個稱職的護花使者，守護愛犬以免慘遭尋芳客的毒手！

家庭計畫

雌性個體進入發情期之後，只有在經血排除乾淨的第 10 ～ 14 天之間才能交配，胚胎才能順利發育著床。

目前可以藉由投藥或注射，分別防止雌性個體懷孕或發情，但這些方法不只會影響健康，而且也不是百分之百有效。至於雄性個體則可以服用抗睪固酮（Anti-Testosterone）藥物，不過效果也很有限。以臨床的經驗來看，手術結紮是最安全有效的節育法（請參閱 128-129 頁），一勞永逸，不但能避免懷孕，也能防止愛犬出現一些不當的舉動。

結紮

除非你有特殊需求，希望讓愛犬繁衍後代，否則最好在小傢伙性成熟之前及早讓牠結紮，以避免很多不必要的麻煩。有一種謠傳，聲稱狗狗會因為繁殖而受惠，但這種說法沒有任何根據，牠不會因為結紮而錯失任何幸福，對狗狗而言，交配只是與生俱來的本能，這當中一點都不涉及感官的滿足！

欲求不滿

當幼犬進入青春期之後，性情也會跟著轉變，不但容易緊張、有挫折感、攻擊性變強，甚至想離家出走，四處徘徊尋求交配的對象；然而這種變化可能會提昇幼犬罹患特定疾病的風險（請參閱下文）。此外，就算你有心讓小傢伙配種或生兒育女，牠也不會因此感到快活！

以往不管是雄性或雌性個體都要滿六個月才能結紮，但現在幼犬只要8週齡之後就能接受相關手術。

結紮的優點

雄性個體

- 降低性慾，避免幼犬四處遊蕩。
- 避免某些形態的攻擊行為。
- 降低罹病風險，例如荷爾蒙相關疾病、直腸癌、會陰癌等。
- 避免罹患睪丸癌的風險。
- 大幅降低罹患前列腺癌的風險。

雌性個體

- 避免幼犬意外懷孕。
- 杜絕所有因幼犬發情所造成的困擾，尤其是月經來潮的善後問題！
- 降低幼犬交配慾望。
- 讓住家周遭的尋芳客徹底斷念！

摘除卵巢（雌性個體）

摘除前示意圖：雌性生殖系統，包含卵巢、輸卵管、子宮。

摘除後示意圖：摘除卵巢、輸卵管、子宮。

去勢（雄性個體）

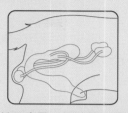

去勢前示意圖：兩枚睪丸藉由輸精管與陰莖相連。

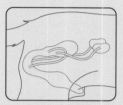

去勢後示意圖：摘除睪丸和部分輸精管。

● 降低罹患乳腺癌、子宮癌、卵巢癌的風險；避免其他子宮方面的問題。

結紮應注意事項

雄性個體的去勢手術：摘除睪丸和部分輸精管。

雌性個體的卵巢摘除手術：摘除卵巢、輸卵管、子宮。

手術前幼犬必須先接受麻醉，並於摘除生殖系統後縫合傷口；如果使用無法自行吸收代謝的縫合線，另外還要在 10 ～ 14 天之內拆線。幼犬大多能在手術當天返家，術後的不適感通常很輕微，也能藉由藥物控制。

術後應注意事項

結紮後至少經過兩週再帶著繫上牽繩的小傢伙外出活動筋骨，避免牠亂動亂跳，妨礙傷口癒合；但如果是雌性個體，還必須靜養幾週，才能恢復往常步調的遊戲規模，至於雄性個體，在兩週後就能回復正常生活。

你可能察覺不出幼犬個性的轉變，不過結紮後的狗狗通常會比較沉穩馴服。

肢體語言

現在你應該概略瞭解幼犬肢體語言所代表的含意，牠移動的方式、看起來的樣子、各種動作和聲音等，都會洩漏小傢伙內心真正的情緒。這就像你和牠之間美麗新世界的敲門磚，只要掌握個中關鍵，彼此的溝通管道暢通無阻，就能享受心靈契合的同居生活！

幼犬各種姿勢代表的含意

下文將列舉一些幼犬的典型動作和其中所代表的含意，精美的照片佐以文字說明，讓飼主得以一窺小傢伙的內心世界！

側頭

幼犬轉頭的動作，就像人類側耳傾聽，把耳朵轉向聲音來源，藉此精確定位。

舉手

很多幼犬都會這一招，抬起一隻腳爪對著某人，甚至直接拍拍對方或把鼻子湊上去，接下來肯定會得到一些關愛的眼神或食物回饋。小傢伙會將頭部上仰，全身感官集中在牠想獲得的目標上，藉此顯示自信和決心。然而如果在幼犬抬腳的同時，頭部卻朝下（這表示自己的牙齒不具任何威脅性），這種動作則隱含服從的意思。

驚恐的眼神

照片中這隻年輕的德國狼犬（German Shepherd）非常害怕；要是小傢伙經常做出這個動作，你

害怕、退縮。因此，你要多付出些關懷，滿足小傢伙的情感需求，建立安全感，幫牠走出陰霾、重拾幸福！

轉身腹部朝上

當幼犬翻身背部著地，露出腹部，讓自己居於劣勢，這表示牠認可對方，不管是人類還是動物，他／牠的位階都比自己更上層樓。此外，這個動作也是幼犬非常有心機的策略，因為只要牠一袒胸露腹，通常就能避免責罰，就算是鐵石心腸的飼主，應該也沒辦法對這個可愛的小東西痛下毒手吧！而且其他狗狗心裡頂多暗自嘀咕：「嘿！軟腳蝦，你真的很遜！根本不值得我動手！」

必須採取適當措施，幫牠建立自信、穩定情緒，享受美好的生活。

某些犬種對飼主的一舉一動特別敏感，德國狼犬也是其中之一，不管是你的動作、音調、心情起伏都會影響到幼犬，只要一點點音調上揚或情緒波動，都會讓牠緊張、

131

居家禮儀

作個好孩子！

當幼犬還小，可愛又無辜的模樣惹人憐愛，就算牠做錯任何事，你也不忍心責怪；然而姑息養奸的結果只會讓牠越來越無法無天、變成家裡的小霸王。小傢伙一旦坐大，對你和訪客而言，都是一場恐怖的災難！

所有東西都是我的！

可愛逗趣的小傢伙如果假裝成大野狼在家裡橫行霸道，看起來應該很好笑；不過要是等牠長大了，卻還是依然故我、亂耍流氓，當你想從牠那兒取回玩具，卻遭遇頑強抵抗，或在牠進食期間，根本沒辦法接近牠，到這步田地你應該也笑不出來吧！

防微杜漸才能免除後顧之憂，教育愛犬要從小開始，當牠抵達家門的第一天，就要慢慢養成習慣，乖乖將玩具交到你手上，在牠進食期間，如果有人接近，也不會把對方當成威脅，反而會預期一些好事發生。其實要達到上述目標並不困難，只要採用正向回饋的方式，當小傢伙鬆開玩具的瞬間，立即奉上香噴噴的零食獎勵或溫柔的愛撫，在牠享用正餐的當下，從旁加幾塊美味的點心，幼犬當然會乖乖就範，養成良好的習慣（請參閱72-73頁）！

訪客訓練

如果家中有賓客來訪，小傢伙卻總是在訪客面前跳來跳去、糾纏不休，企圖吸引對方關愛的眼神，這時候千萬要採取適當措施，以免養成壞習慣。然而教養愛犬不只需要單方面的努力，還要其他條件互相配合，要是來訪親友蓄意縱容，鼓勵牠做出這些不適當的舉動，或刻意誘引牠玩一些過於粗暴的遊戲，凡此種種都會讓你之前的努力付諸流水（請參閱142-143、146-147頁）。

在親友來訪的適當時機，巧妙地與對方先行溝通，清楚傳達你的需求，希望他能配合演出，不要和幼犬玩得太過火，並闡明理由；但如果對方拒絕，那就只能帶著小傢伙離開房間，把牠留在屋裡其他角落，同時準備一個互動式玩具，像是由 Kong 公司所生產的填充式玩具（請參閱下文），讓牠在訪客拜訪這段期間，也能自得其樂。

塞滿食物的填充玩具

　　目前市面上一系列 Kong 食物填充玩具，絕對是幼犬排遣寂寥的最佳利器，當你手頭上有事、無暇分身照顧小傢伙，這項祕密武器就足以讓牠的嘴巴忙碌一陣子，不但安全無虞，你的耳根子也可以藉機休息一會兒。事前的準備工作非常簡單，只要在裡面填滿無鹽奶油乳酪，再塞少許狗餅乾，最後再用刀面挖一些乳酪封住開口，接下來就能讓愛犬好好享受，在動動腦之餘還能獲得美味佳餚的實質回饋！

在家獨處

儘管每分每秒你都捨不得離開可愛的小寶貝，不過還是要慢慢放手讓牠習慣獨處，以免幼犬養成過度依賴的壞習慣。此外，你也必須調整自己的心態，就算離開小傢伙會讓你產生椎心刺骨的感傷，但只要想像再度重逢的喜悅，這樣應該會好過一點。

讓事情簡單一點

現實生活總是無法盡如人意，無可避免地有時候你還是必須將幼犬單獨留在家裡，所以一定要讓牠習慣獨處的感覺。儘管這聽起來有點殘忍，但實際上卻沒那麼困難，只要用對方法，在你們分離的這段期間，彼此都會好過一點！

剛開始，先把幼犬短暫留在一處密閉的專屬空間，從幾分鐘、再逐漸延長時間，在這期間還是要顧及小傢伙上廁所的需求，當你離開或返回的時候，也不用刻意愛撫牠，用這種方式讓牠慢慢習慣獨處，把這當成日常生活的一部分，

就算你必須外出工作或有其他要務纏身，小傢伙也能開心地自得其樂。

獨立自主的小傢伙

當你和家人外出辦事，卻把幼犬孤伶伶留在家中長達數小時之久，這對牠的身心發展會產生極為負面的影響；因此，如果你必須整天待在外面，最好事先想好對策，有些飼主會雇用日間狗狗保姆或專門遛狗的業者，負責和愛犬一起運動或遊戲。要是你的運氣夠好，左鄰右舍都很熱心，搞不好可以請對方幫忙！也有飼主選擇在工作途中直接把幼犬送到寵物旅館或狗狗保姆那兒，等下班之後再接牠回家。

最高指導原則

- 在幼犬獨處期間，可以將收音機打開，音調放低，留一點背景噪音舒緩牠的情緒。

- 如果你已預知自己在外停留的時間，遠大於幼犬習慣獨處的範圍，最好事先找熟人協助，每隔一段時間帶小傢伙出去上廁所，並給予牠一些關愛。

- 準備一件 Kong 食物填充玩具（請參閱 135 頁），在你外出期間，讓幼犬動動腦、動動手，做些有助身心發展的活動，以免小傢伙無所事事、到處搞破壞！

- 讓幼犬習慣待在室內籠子或有狗狗保姆的陪伴（請參閱 102-103 頁），一旦你必須離家很久一段時間，也不需要為幼犬獨處的問題而煩惱。

無聊和胡鬧

狗狗是非常聰明的動物，藉由腦力激盪的方式，才能讓牠無暇分心四處破壞；尤其工作犬和梗犬，只要手頭上沒事，沒過多久就悶得發慌，接下來就會想盡辦法為自己找樂子！

讓我當你的開心果！

如果讓幼犬接受過多刺激身心發展的訓練，儘管有揠苗助長的疑慮，但過與不及都會阻礙幼犬正常發展；其實有很多種折衷方案，既能幫小傢伙腦力激盪，你也不需要花太多時間，每天只要幾分鐘，小傢伙就能改頭換面，呈現嶄新的樣貌。這其中主要的關鍵在於運用多樣性的遊戲方式，不斷挑戰小傢伙的腦力，在牠體力能負荷的範圍內，主動參與、樂在其中！而你的付出將有互惠的效果，身心均衡發展的幼犬不但會比現在更快樂滿足，反過來你當然也樂於享受這樣的同居生活。

10 種讓幼犬開心的方法

1 根據幼犬的能力適性而為，幫牠規劃一系列遛狗和訓練課程，隨著年齡增長逐漸增加深度與廣度。如果小傢伙過度疲勞，不但脾氣會變壞，當然也開心不起來！

2 幫幼犬的每件玩具命名，訓練牠記得這些名字，設計一個尋回遊戲，讓牠按照指令叼回特定玩具（請參閱 82-83 頁）。

3 善用填充食物的互動式玩具，當幼犬在遊戲中移動玩具，裡面的食物就會四處散落，這也是給小傢伙最佳的回饋（請參閱 134-135 頁）！

4 將零食或玩具藏在屋內和花園各個角落（選一些幼犬容易找到的藏匿地點），激勵牠找出這些物件。

5 幫幼犬開立一帖「閒不下來處方箋」，提供多樣化的玩具，形狀、類型、材質各異。

6 保留一或兩件幼犬最愛的玩具，當成神秘小禮物，一旦牠達到你的要求順利完成使命，就能暫時擁有這些玩具的使用權。

7 厚紙箱和回收塑膠瓶（保持乾淨）也可以作為幼犬的玩具；只要把一些零食藏在裡面，讓牠除了美食之外，還能享受搜尋把玩的樂趣。然而務必要慎選容器，避免使用色彩繽紛的瓶瓶罐罐，上面的有毒染料可能會影響幼犬健康；此外，也要將瓶蓋移除，以免幼犬誤食。

8 幫幼犬打造一處沙坑，讓牠可以四處亂挖、發洩精力。

9 每天都要幫幼犬打理門面，讓牠看起來一臉聰明愉快、容光煥發！

10 不斷告訴小傢伙，牠是全世界最棒的狗狗！

大門和玄關（好狗不擋路！）

幼犬偶爾會懶洋洋地趴在玄關或橫跨在走道上，無奈的你似乎只能大步跨過或繞道而行，其實要避免這種擾人的情況並不困難，下面所列舉的方法既簡單又有效，只要善用小傢伙已經很熟稔的指令，輕輕鬆鬆就能讓牠移駕他處！

出口淨空

如果幼犬並沒有在玄關附近徘徊（不管或趴或站），你可以先下手為強，採取一些行動讓牠遠離警戒區域。當你從椅子上起身之際，一併對幼犬下達「停留」的指令，藉由這種方式讓牠有目標可以遵循（請參閱74-75頁）。然而千萬不能要求小傢伙在同一個定點待太久，這樣比較容易失敗；若幼犬缺乏定性，你也不需要絮絮叨叨地一直責罵牠，只要把牠帶回定點，從頭再來過即可。一旦小傢伙馴服地遵從指令，務必要好好嘉獎牠優異的表現。

但要是幼犬已經待在玄關那兒（不管或趴或站），你也不需要大費周章一腳跨過或繞道而行，只要動動嘴巴，對牠下達「回到床上」的指令，小傢伙自然會乖乖地回到自己的小窩（請參閱80-81頁）！

關門

在幼犬推門進入房間之後，如果能順道把門關上，將可為你省卻不少麻煩；不過這項訓練的難度和體型有關，體型越小，難度越高，所以最好等小傢伙稍微大一點、體能好一點再進行。

如何訓練幼犬關門

2 在拿出標的物並下達口頭指令之前，把門輕輕打開，並鼓勵幼犬用小跑步的方式靠近標的物，這樣當牠的鼻子碰到瓶蓋之際，前進的動力也會順道把門關上；只要小傢伙達成任務，千萬要準備一份香噴噴的零食大餐，並多多讚美牠超乎尋常的優異表現。漸漸將門縫拉大，這樣一來，幼犬必須更用力往前推，才能順利完成關門的動作。多練習幾次，直到單獨下達口頭指令，小傢伙也能達成要求為止。一旦幼犬成功把門關上，務必要奉上犒賞的獎勵品！

1 剛開始先訓練幼犬用鼻子去碰某個特定的標的物。準備一個塑膠瓶蓋，放到小傢伙面前，只要牠的鼻子一碰到瓶蓋，隨即要獎勵牠的表現；慢慢增加你和幼犬之間的距離，直到你拿出瓶蓋，就算牠在遠方，也會飛奔到你身邊，用鼻子碰觸標的物為止。進入這個階段之後再將瓶蓋抵住門板，放在幼犬鼻子高度的位置上，同樣地，如果小傢伙一碰觸到標的物，也要馬上拿出食物鼓勵牠。此外，在你放置瓶蓋的當下，一併要下達「關門」（Shot The Door）的口頭指令。

大門訓練

出於好奇、愛玩和渴望的心態，一旦幼犬察覺到周遭環境的風吹草動，預知好戲正要上場，勢必會飛奔到門口，在第一時間恭迎來訪的賓客或等著你帶牠出門散步。然而只要藉由這個簡單的訓練，就能讓小傢伙學會在這些狀況下不要橫衝直撞，反而要耐心等待，作個有教養的居家犬！

有點耐性！

當電鈴響起之際，幼犬迫不及待地圍著你繞來轉去，然後衝到門口「迎客」，這樣的牠很快會變成可怕的惹禍精！在慌亂之中，你可能會不小心絆倒牠，導致意外發生，訪客也會因一開門就遇到猛撲上來的小傢伙而驚慌失措，打消後續再度登門拜訪的念頭。

為了解決這個問題，或許可以運用正面回饋的方式，一旦有外人來訪，就鼓勵幼犬返回牠專屬的空間（請參閱 80-81 頁）。小傢伙應該很快就能察覺這其中的差異，當敲門聲響起，如果自己乖乖回到小窩，接下來就能獲得一些好處，反而比直接衝到門口更有利；直到幼犬被敲門聲或門鈴聲制約，爾後便不需要每次都給予零食獎勵，口頭讚美就足以讓牠高興老半天！

如何訓練幼犬迎接訪客

1 在幼犬學習玄關禮儀之前，必須先熟悉「坐下」和「停留」這兩個指令（請參閱 70-75 頁）。此外，這個訓練還需要徵召自願者幫忙，請對方假扮「訪客」站在大門外，你和幼犬在門內等候，由你對小傢伙下達「坐下」和「停留」指令，一旦牠乖乖做出指定的動作，隨後才能打開大門。

2 等你跟訪客打過招呼後,請對方暫時假裝沒看到小傢伙,直到你解除禁令為止。剛開始不要讓幼犬等太久,因為一旦牠違反等待的指令,之前的努力就會付諸流水。然而就算幼犬在沒有取得許可的情況下,逕自走向大門,你也不需要碎碎念,只消忽略牠的存在,沒過多久,幼犬就會自行穩定下來,重新回到坐下等待的姿態。

3 當幼犬在玄關坐下等待之際,再請訪客和牠打聲招呼;但如果幼犬衝撞推擠或直接往對方身上撲,就要請對方假裝沒看到牠的舉動。一旦小傢伙和訪客打過照面之後,你可以讓牠待在你們身邊,或請牠安靜地趴下,並備妥一個互動式玩具,讓牠無暇分心。不斷反覆練習上述步驟,相信幼犬很快就能領悟個中訣竅,橫衝直撞飛奔到門口並沒有什麼好處,假使牠不當個冒失鬼,反而能和客人產生愉快的互動!

不准推我！

　　愛玩的小傢伙就像鬼靈精一樣，領悟力驚人，沒多久就能參透你一舉一動所代表的含意，只要你一拿出牽繩，接下來就是牠最期待的歡樂時光，外出散步活動筋骨，探索美妙的花花世界！然而不管幼犬的渴望有多強烈，還是必須按照規矩來，就算牠衝到隊伍的最前方也無濟於事，只有乖乖遵循指令，才能順利出發，展開快樂的旅程。

到底是誰遛誰啊？

　　在你幫幼犬繫上牽繩之際，讓牠先學會「坐下」和「等待」的指令（請參閱 70-75 頁）；在訓練期間，記得要隨時獎勵幼犬優異的表現，剛開始多準備一些零食，隨後只要口頭嘉獎即可。藉由這種方式，讓小傢伙慢慢被制約，乖乖靜候在旁，跟隨你的指引步出大門，而不是領著你橫衝直撞，四處亂闖！

　　然而有時候活力充沛的幼犬可能會過度自信，一馬當先，堅持要拉著你往門口衝；如果發生這種狀況，你必須採取鐵腕政策，讓小傢伙知道誰才是老大，牠這種魯莽的行為，根本無法奏效，只有乖乖聽話、遵守規矩，才能快樂地出門散步。

　　儘管小傢伙非常衝動，飼主還是要適當的訓練牠，在你打開大門之前，先讓牠在旁靜候，唯有經過

許可，才能跟隨你的步伐踏上愉快的
旅程！

訓練幼犬不要亂推亂拉

　　幫幼犬繫上牽繩，讓牠站在門邊，
之後再下達「坐下」和「等待」的指
令，輕輕打開大門，留一點門縫即可。
如果幼犬繼續待在定點上，記得要獎勵
牠順從的表現，然後再將門縫拉開，邀
請幼犬跟隨你的腳步，並下達「來這
兒」的口頭指令。然而要是牠一點都
不安分，企圖想要拉著你往前衝，你
必須讓牠返回定點，重新下達「坐下」
和「等待」的指令，接著再次重複上述
步驟。

　　反覆練習幾次，直到幼犬放棄橫衝
直撞的莽撞行為，乖乖留在原地，安
靜地觀察，等候你下一步指示。一旦小
傢伙做出妥協，就表示自己已經瞭解其
中的利害關係，如果牠往前推擠，最終
還是會回到原點，根本無法踏出家門
一步。

獎勵正確的行為

　　一旦進入下一階段，在你開門的時
候，先對幼犬下達「坐下」和「等待」
的指令。只要牠達到你的要求，務必要
多多鼓勵牠，這樣一來，小傢伙才會分
別莽撞和順從之間的差異。最後你再下
達「來這兒」的指令，邀請幼犬一起享
受這趟得來不易的美好旅程！

不准往上跳！

　　儘管幼犬愛你，你也把牠一直放在心上，但這並不表示牠可以亂來。當小傢伙想要跟你打招呼，絕對不能在你面前跳上跳下，只能乖乖地四腳著地，用其他肢體語言傳達自己對你的孺慕之情；就算牠對著你直接往上撲，也不能贏得你關愛的眼神。

往你臉上撲

　　野生群聚的狗狗，在恭迎打獵返回的成員之際，出於本能，都會嗅聞舔拭對方的嘴邊，藉此反芻或分取一些獵食而來的戰利品。因此，對狗狗來說，嘴巴四周永遠是牠們注目的焦點，幼犬在你面前跳上跳下，就是想撲到你嘴邊，看能不能分一杯羹。然而人類社會並不允許這種行為，小傢伙還是要妥協，管好自己的四條腿，不要像彈簧一樣四處彈跳！

　　小傢伙毛絨絨的，往上一撲，跳上你的手臂，看起來非常可愛！不過試著想像一下，在幾個月後，體型倍增的牠，再次上演同樣的戲碼，那時候你還吃的消嗎？愛犬只要前腳往上一抬，跨在你的肩膀上，其力道之猛烈，幾乎快把你撂倒，就算你不介意，但如果外出散步或有賓客來訪，牠把這一招用到

別人身上，那真的非常危險，尤其對象是老弱婦孺，很可能會造成難以挽回的悲劇。

地面守則

飼主唯有持之以恆，耐心地伴隨愛犬，才能讓牠管控好自己的四肢。

如果能找到幫手協助的話，更能達到事半功倍的效果。當幼犬撲向對方之際，請他們不要出聲喝止，只要對牠下達「坐下」的指令（請參閱 70-71 頁），但要是小傢伙坐不住，很快又往上跳，也請對方多多包涵，再次對幼犬下達相同的指令。一旦小傢伙沒有往上撲的意圖之後，再由幫手給予牠一些獎勵並佐以口頭讚美。藉由這種方式讓幼犬瞭解，一再往上亂撲亂跳，最後牠只能返回原點，只要牠放棄這種做法，就能獲得意想不到的關愛和注目。

不管在家裡或散步途中，都要一再重複這個訓練，直到陌生人接近幼犬，牠不會藉由跳躍吸引對方注意為止。當你外出遛狗的時候，很多愛狗人士，特別是幼童，都喜歡和可愛的小傢伙打招呼，一旦遇到這種狀況，你可以請對方先忍耐片刻，等幼犬乖乖坐下在一旁靜候，接下來才能接受旁觀者的注目禮。此外，也要特別提醒家中訪客，確實遵守幼犬教養守則，在適當時機才能對牠投注關愛的眼神，如果小傢伙一把撲向對方，也要告訴他該如何因應。

遠離傢俱

　　舒適柔軟的沙發具有擋不住的吸引力，幼犬看到你坐在上面，當然也會有樣學樣，想要窩在軟綿綿的椅墊上和你依偎在一起。然而如果你不願意昂貴的沙發組上沾滿狗毛，就必須狠下心來，抗拒小傢伙無辜又哀怨的眼神，絕不能因為一時心軟，讓牠跳上沙發蜷曲在你身邊。

坐電椅！

　　如果你不希望幼犬攻占傢俱，一定要及早立下規矩，剛開始就不能縱容牠；小傢伙的可愛無庸置疑，如果再加上悲慘的身世，原先待在流浪動物之家的幼犬，看起來更惹人憐愛，你總覺得在牠還小的階段，應該能享有一些特權。然而只要你允許小傢伙爬上沙發，等牠長大之後，就會把這些當成理所當然，只要牠喜歡，隨時都會待在上面，甚至當你想移動愛犬的位置，牠還會給你臉色看！早知如此，何必當初！一再縱容幼犬的結果，搞不好到最後你只能坐在地板上，眼睜睜看著小傢伙優雅地端坐沙發上，因為你根本不知道該如何請牠離座。

非請勿上

　　儘管如此，如果你想讓小傢伙坐在你腿上或依偎在你身邊，也並非全然不可，只是要事先訂立明確的規矩，教導幼犬除非得到允許並且你也在場，否則絕不能跳上沙發。不止是你，連家中其他成員和訪客都要遵守這套規矩，不然幼犬會搞不清楚，什麼該做、什麼又不該做。當你坐在椅子上，小傢伙從旁慢慢靠近，露出哀怨的眼神，但你卻不想讓牠坐到你腿上，這時候你就應該斷然地拒絕，說：「不

行！」

　　為了讓幼犬確實遵從指令，一旦牠做出正確的回應，就要奉上實質的獎勵以茲回饋。

反社會的頑強攀爬高手

　　未經允許，要是小傢伙直接爬到沙發，你可以把牠抱起來放回地上或牠的小窩裡，同時下達「走開」（Off）的指令。如果牠沒再試圖爬回沙發，記得要給牠一些獎勵並讚美牠是個好孩子！藉由這種方式，幼犬才能瞭解未經允許直接爬上沙發上，不會給牠帶來什麼好處，反倒待在地板或自己的小窩裡還比較愉快。然而如果你不在場的時候，小傢伙卻還是暗中鬼鬼祟祟地爬上椅子或其他傢俱，你可以試著在牠的必經之路上擺一些障礙物，以防幼犬突破警戒線。

吠叫

幼犬的吠叫聲有很多種，各自隱含不同的意義，從小聲的嚎叫，到大聲狂吠，其聲調、音量和狗狗的體型、犬種息息相關。然而某些特殊個體似乎異常迷戀自己的聲音，這種瘋狂的行徑，常常會讓飼主和周遭鄰居抓狂！

不准亂吠

幼犬的吠叫聲就像警鈴一樣，提醒族群裡的其他成員要注意（不管是人或動物），同時也帶有警告的意味，一旦牠將逼近的對象視為敵人，吠叫聲也具有嚇阻的作用。然而只要透過訓練，還是能規範幼犬吠叫的行為，嚴格禁止在不適當的時機亂吠，而且只能點到為止，不能吠太久。

千萬要牢記，單純的口頭勸阻，並無法讓幼犬乖乖閉嘴，因為這種方法根本沒有任何誘因足以吸引牠遵循你的要求。事實上，從小傢伙的角度來看，反而誤以為吠叫聲會讓你更關注牠，所以心裡面也暗自嘀咕，有人關心總比無人聞問好多了吧！

是朋友，不是敵人！

基於與生俱來的本能，幼犬會把住家和花園當成自己族群的領域；儘管你只是希望牠出聲提醒不速之客的到訪，然而如果小傢伙太過盡責，不管是誰走到門口或碰巧經過你家附近，牠都以吠叫聲伺候，這真是可怕的噪音汙染！

為了避免上述困擾，最好事先把一些定期造訪的人士介紹給幼犬，例如牛奶送貨員、郵差等，讓牠知道這些人是友非敵，請對方和小傢伙打聲招呼，並給牠一些零食獎品，這樣或許可以解決這個問題。

此外，從幼犬到家的第一天起，就要讓牠習慣門鈴聲和敲門聲，不需要特別大驚小怪；訓練的訣竅就和防治幼犬撲到訪客身上一

樣，只要牠一吠叫，
你就假裝沒看到，但如果牠
沒有任何反應，就要奉上香噴噴
的美味零食來獎勵牠。

降低吠叫聲的負面影響

透過學習，幼犬才能知道對任何事物亂吠，根本徒
勞無功，沒有任何好處。只要小傢伙一叫，你就把牠帶離房間
或關到室內，並且完全忽視牠的存在。一旦牠靜下來了，再對牠投
以關愛的眼神或給予零食獎勵，並讓牠返回原先的地點。藉由這種方式，
幼犬很快就能學會，保持安靜比這種破壞性行為更有利。此外，你也可以
限制牠的活動範圍，讓牠看不到來往的路人，在交通繁忙的巔峰時段禁止
牠踏入花園一步。

亂咬東西

　　像好奇寶寶一樣的小傢伙看到任何東西都會忍不住用牙齒問候對方，這是牠成長過程中不可避免的一部分，除了滿足自己的好奇心，磨牙也有助於牙齒生長。但這個問題並非全然無解，只要適度規範，讓牠專咬特定標的物，不要什麼東西都放到嘴巴裡，自然能把破壞降到最低。

各種防治法

　　幼犬亂咬一些不該咬的東西，只會給家裡帶來一場浩劫，所以你一定要讓牠清楚地知道，哪些東西可以放進嘴巴、哪些不行。除非小傢伙已經充分瞭解，你的財產都屬於違禁品，牠不能亂動，否則千萬不要把貴重物品四散在家裡各個角落。

　　磨牙可以讓幼犬得到絕佳的滿足感，特別是在牠感到無聊的時候，咬東西可以打發不少時間，所以一定要幫牠找些正常的紓解管道，一併刺激牠的身心發展，這樣才能保持居家環境的完整性（請參閱 138-139 頁）！

對症下藥

　　磨牙可以讓幼犬有很大的滿足感，為了防止牠亂咬一些不該咬的

任何破壞。此外，你也要提供一些磨牙大骨頭或互動式玩具，例如 Kong 公司出品的食物填充玩具或拼布玩具（請參閱 134-135 頁）。當小傢伙心思完全集中在這些物件的時候，自然沒空去摧殘椅腳或其他違禁品。

　　如果情況沒有完全改善，你可以加強某些物件的保護措施（例如鞋子），在上面噴灑無毒性抗咬液體，這種味道足以讓幼犬退避三舍，只要牠一張嘴，馬上會悔不當初，提不起勇氣再度嘗試；吃到苦頭的小傢伙，自然會乖乖地四處尋找磨牙玩具，滿足自己的口腹之慾。

物件，你可以準備一些替代品，具有相同的效果，卻不會造成你的困擾。透過訓練，幼犬才能做出基本判別，知道你給牠的某些物件可以作為磨牙的用途。然而千萬不要讓小傢伙亂咬舊鞋或拖鞋，否則牠會認定所有鞋子，不論新舊，都是牠可以咬的標的物。

　　適合幼犬磨牙的物件可購自寵物用品店，像磨牙玩具或食物零嘴。一旦這些物件開始破損，務必要重新購置新品，以免幼犬誤食碎片而造成不適或內部腸道堵塞。

氣味療法

　　如果幼犬已經展開屬於自己版本的「居家環境改造工程」，這時候你必須採取適當補救措施，在你無暇顧及小傢伙的動靜之際，限制牠的活動範圍，讓牠沒辦法再進行

異常行為

在成長過程中，幼犬可能偶爾會出現一些不適當的舉動，如果你直接大聲斥責甚至處罰牠，根本無法解決問題，最好採取正向回饋的訓練方式，藉由鼓勵嘉獎導正幼犬的行為。

正向回饋的矯正法

幼犬只有這麼一丁點，可愛到極點的憨厚模樣，讓人忍不住想捧在手心呵護牠一輩子！但以長期來看，寵壞幼犬讓牠恣意妄為，對牠並沒有什麼益處；因為你之前的放縱，沒能及時在第一時間遏止小傢伙跳躍打招呼的舉動，等到牠變成成犬之後，當你一出現在牠眼前，牠就興奮地飛撲而上，如果這時候你再制止牠，已經來不及了。飼主反覆無常的態度只會讓愛犬困惑，也會破壞你們彼此的信賴關係，處罰或其他負面回饋的訓練方式也會產生類似的影響。唯有正向回饋的訓練方式，才能讓愛犬樂於伴隨你左右，把你視為安全溫馨的象徵，而不是避之唯恐不及的瘟神。

防治措施

怎麼樣才能運用正向鼓勵的方式，在第一時間防止異常行為的發生？

你可以試著想像以下情況：當門鈴聲響起，幼犬橫衝直撞飛奔向大門，一旦你開門迎客，牠馬上撲向對方。為了避免幼犬這種魯莽的行為，首先，你必須徵召自願者假扮訪客，在門外按電鈴，在此同時，你要立即下達「回到床上」的指令，不讓小傢伙有任何往外衝的機會（請參閱 80-81 頁），因為這個指令牠已經很熟悉，所以只要牠乖乖回到自己的小窩，你也要準備一些零食作為嘉獎。

透過練習，幼犬應該很快就能上手，把鈴聲和回到小窩這兩個事件連結在一起，到這個階段你就輕鬆多了，只需要在牠偶爾失常的狀況下出聲提醒即可。

解決問題

正面回饋的訓練方式也能用於矯正已經發生的異常行為；如果幼犬曾經跳著撲向你或其他人，這時

候就要對牠下達「坐下」的指令，要是小傢伙柔順地遵循你的要求，你再拿出一件牠最喜歡的玩具作為犒賞。這樣一來，不但會讓幼犬忘卻幾秒鐘前想要一躍而起的衝動，以長期的效應而言，也能訓練牠放棄這些不被允許的舉動。採用這種方式，你們彼此都皆大歡喜！

乞求食物

　　當你正在享用美食之際，如果幼犬就像背後靈，眼睛一直盯著你不放，那種感覺應該很不舒服，讓人如坐針氈，但你絕對不能因此把自己盤中的美味丟給幼犬，畢竟小傢伙也不會讓你從牠的盤子裡偷抓一把食物！

樂於享用殘羹剩飯

幼犬在旁觀看他人用餐，希望對方能大發慈悲施捨一點，這不只是壞習慣，也會讓牠更挑食（請參閱 158-159 頁），所以你絕對不能放任這種行為。就算你想在飯後挑一些適合的廚餘給幼犬打打牙祭（避免辛辣的食物和家禽之類的小骨頭），也要集中放在牠的飼料碗裡面，當成每天食物配給的一部分，盡量避免用手直接餵食。

如何嚇阻幼犬乞食的行為

幼犬就像天生的腐食者，除非透過訓練，否則只要附近有食物，牠一定當仁不讓、直接往前衝。避免幼犬乞食的方法如下：

- 當你正在料理食物或用餐之際，先讓幼犬待在其他房間或自己的籠子裡；利用防止嬰兒穿越階梯的柵欄，把小傢伙阻隔在廚房／餐廳之外，這樣一來，牠就不能接近餐桌，但還是可以看到整個過程，也不會覺得太過疏離。在此同時，也讓小傢伙一起進食，並幫牠準備一件填滿零食點心的互動式玩具或磨牙玩具，開心享樂的幼犬，自然無暇分心注意你的一舉一動。
- 千萬不要屈服在幼犬哀怨的表情和熱切的眼神之下！為了避免你太過心軟，或許可以先把牠放到用餐區之外；如果幼犬曾受過一些基本訓練，甚至可以直接對牠下達指令，請牠先行離開安靜地趴下等候（請參閱 80-81 頁）。
- 當幼犬已經學會遵循指令，乖乖走到其他地方安靜地趴下等候；往後只要用餐時都要先請牠離開，不管是你或家人甚至有賓客來訪時都一樣。務必要讓家中所有成員都知道這項規矩並確實遵守，千萬不能直接給小傢伙人類的食物，這樣會讓牠養成乞食的壞習慣。

挑食的壞習慣

　　千萬要密切注意幼犬的食物攝取是否能充分滿足身體快速成長的營養需求，小傢伙活力充沛，消耗能量的速度飛快，不管放什麼東西在牠面前，搞不好都能一口吞進肚子裡。然而一旦你這位年輕的伙伴稍微長大一點，開始將鼻子往上抬，把你盤子裡的食物當成自己的晚餐，那會是怎麼樣的光景？

人類的食物比較美味！

　　一旦嚐過人類的食物，幼犬似乎再也不能忘情，對自己的飼料反而興趣缺缺；其主要的原因除了狗狗是天生的腐食者之外，另外也是因為幼犬自認為是群體當中的一分子，大家吃什麼，自己也應該吃什麼。

　　如果允許寵物在餐桌旁的乞食行為，通常也會養成牠往後挑食的壞習慣。除了家人們的盤中飧，還有偶爾你和牠一起分享的人類點心，以及一大堆因為表現良好的零食獎品，再加上每天固定的配糧，因為選擇性太多，反而讓小傢伙的食慾大減，口味繁複的人類食物養刁了牠的嘴，讓牠不願屈就每天毫無變化的狗食。

　　要是你把新鮮烹調的雞肉或牛肉當成幼犬的零食獎品，一旦嚐過這些美食佳餚，念念不忘的小傢伙

很可能會拒絕平常的狗食，反而期待有機會再度品嚐香甜的雞肉味。如果你的心腸很軟，狠不下心來拒絕幼犬哀求的眼神，最好妥善運用餵食型態，以避免小傢伙因為挑食而導致營養不均。

小傢伙生病了嗎？

在少數情況下，幼犬挑食可能是因為健康因素所引起；如果牠在沒有攝取過多人類殘羹剩飯或零食的狀況下，卻忽然食慾大減、拒絕飲食，這可能是因為幼犬對目前正在餵食的飼料品牌過敏，而這種情況要是伴隨下列徵狀，那更需要當心：

- 腹瀉
- 嘔吐
- 皮膚病
- 搔癢
- 毛髮狀況不佳

- 體重快速下降

幼犬一直在嘴巴四周搔癢亂抓或過度流口水，這可能是因為牙齒出了什麼問題。要是你懷疑小傢伙可能生病了，最好趕快就診，如果確定不是健康方面的因素，或許可以試著更換飼料品牌，看情況是否有所改善。

保持食物新鮮

幼犬飼料，不管是乾糧、半濕式或濕式，都有腐敗的可能性，所以一定要確實遵守包裝上的存放指示，也要特別注意有效期限。特別是大包裝飼料，使用前很可能就快要變質了，所以開封之後，最好用密封式容器保存。

潔淨清爽的生活

一旦你決定讓幼犬踏入你的生活，儘管會帶來不少歡樂，無可避免地，你還是要面對現實，處理一堆脫落的毛髮、黏答答的口水、堆積如山的糞便、一灘灘的尿漬以及沾滿泥巴的腳爪！唯有保持良好的衛生習慣，讓家中環境看起來乾淨整潔，在裡面生活的所有成員，不管是幼犬還是其他家人，才會覺得舒適又幸福。

狗狗之吻

狗狗互舔是彼此行見面禮的方式，而如果幼犬展現這種行為的對象，是較自己年長的成犬或生活中的其他人類，則隱含屈服的意味，不過小傢伙舔人類通常也是在「Say Hello」，試圖想要釋出善意。然而幼犬是不是能用自己的舌

頭四處招呼，決定權還是操控在你的手上，在你還沒下定決心前務必要考慮清楚，因為這非但不衛生而且容易散播病菌，特別當你允許小傢伙舔自己的臉部，那更要當心！

毛髮照護

每天幫幼犬梳理毛髮，尤其是厚毛犬種，避免室內地板、傢俱、軟性裝飾品沾黏過多狗毛（請參閱 162-163 頁）；此外，定期用吸塵器清理地毯、窗簾、軟性室內傢俱，每隔一段時間也要幫幼犬施以除蚤劑（請參閱 28-29 頁），讓小傢伙免除蟲害的困擾。如果家中已經遭蟲蟲大軍進駐，情況嚴重的話，或許需要全面燻蒸，才能徹底解決這個問題。

幼犬隨地大小便的善後工作

一旦幼犬不小心在家裡便溺，

善後的清潔工作務必要確實，先戴上橡膠手套，利用廚房紙巾和狗狗專用便鏟處理「意外現場」，最後再以寵物專用去汙除臭劑擦拭，因為裡面不含阿摩尼亞（尿液的成分之一），所以小傢伙不會因為聞到氣味而在同一地點再次上演同樣的戲碼。

每天都要將幼犬的糞便移到花園並小心處理，不管是放到狗狗專用廁所（可購自寵物用品店）或合併到家用垃圾都可以（最好先和當地主管機關確認是否合乎規定）。務必要確實做好善後清潔，以免家人到處踩踏，滿屋子都是「黃金」，同時也可以防止病菌或寄生蟲藉由糞便傳播。

此外，也要定期幫幼犬驅蟲（請參閱 28-29 頁），隨時保持警惕，不要讓花園裡小傢伙的糞便堆積如山；儘管不常發生，但如果家中愛犬不小心誤食犬蛔蟲（Toxocara canis）的卵，很可能會讓家人感染犬蛔蟲症（Toxocariasis）。

因此，只要是下列情況，舉凡幼犬舔過你、每天例行性的衛生清潔、或不管何時你幫牠處理善後的清理工作之後，都要記得洗手。

打濕的腳掌

當你和小傢伙散步返家之後，如果牠渾身溼答答的，在踏入家門前，務必要先用舊毛巾幫牠擦拭，否則沾滿泥巴的腳印很快就會擴散到四周地板，且幼犬在甩乾身體的同時，也會降下一陣室內甘霖，所有傢俱都無法倖免！

打理門面

　　可愛的小傢伙應該很享受理毛的過程，因為這時候你一定會在牠身邊，而且彼此之間非常親密。雖然某些犬種特別需要花時間整理毛髮，但每週一至兩次的頻率，不管什麼狗狗都會有不錯的效果！

必備工具

　　當你在挑選幼犬時，可一併請教業者該使用何種毛刷和毛梳幫牠打理門面，才能讓小傢伙維持最佳狀態。至於作業地點則因體型而異，可以直接在地板上，或選一張比較穩固的桌子，只要你覺得方便就好。如果可能的話，最好在上面鋪上一層橡膠墊，這樣幼犬的四肢比較好著力。在幼犬還沒有習慣保持同樣姿勢讓你幫牠梳理毛髮之前，可以請其他人協助。此外，千萬不要讓小傢伙單獨待在桌面上，如果牠直接跳到地面或從桌子上跌下來，很可能會傷到自己。

　　你可以根據幼犬的品種，購買教學錄影帶或相關書籍，參考上面示範或圖解幫小傢伙整理毛髮，至於相關資訊則可由寵物用品店或狗狗雜誌上的廣告取得。

定期美容

　　理毛頻率依犬毛的型態而定，不管你隔多久幫小傢伙梳理毛髮，牠絕對會因為你對牠的關注而雀躍不已。下表為一般性

通則，你可以參考內文提供的建議，讓幼犬享有「家庭美髮」與「專業美容」的頂級服務！

不同犬種的理毛頻率

短毛	每週梳理一次。
毛長而糾結	每天梳理一次，以避免毛髮糾纏打結。
毛捲而濃密	隔天梳理一次，每4-8週要接受專業修毛。
粗毛	每天梳理一次，每3-4個月要接受專業手工修整毛髮。

重要的小地方

　　當你在幫幼犬梳理毛髮的時候，要特別注意耳後、胳肢窩、腿和腿之間、尾巴和其下方的位置，這些地方的毛髮特別容易打結。此外，也要定期使用狗狗專用牙刷和牙膏幫幼犬清潔牙齒。如果幼犬的爪子太尖，可以請專業寵物美容師或育種業主處理。

洗澎澎時間

　　除非幼犬是小型、短毛犬種，不然最好還是送交專業人士處理，因為寵物美容業者那兒的清潔或吹整毛髮設備一應俱全，不但效果好，小傢伙也會比較舒服。通常只有在幼犬毛髮弄髒或有味道的時候，才有洗澡的必要，而且一定要使用溫水和狗狗專用洗毛精。如果太常幫幼犬洗澡，可能會一併清除天然油脂保護層，讓皮膚和毛髮過於乾燥。

　　幼犬的小窩和床墊每週也要清理一次，以保持乾爽香甜的氛圍，並防止蟲蟲大軍入侵。此外，玩具也是清潔的重點之一，用清水將上面沾黏的口水和髒東西徹底洗乾淨，以免幼犬遭受病菌感染。

外出注意事項

肩並肩，跟我一起來！

跟小傢伙一起外出閒逛，不管是在城鎮或鄉村都是很棒的體驗；不過如果牠很乖巧，樂於聽命行事，就算沒有牽繩的指引，還是順從地待在你身邊，這種感覺更讓人欣喜。當偶爾有什麼意外狀況時，這個「隨行」訓練就像保命符一樣，可以讓小傢伙緊黏著你，焦不離孟孟不離焦！

跟在我身邊

當外出遛狗時，讓幼犬保持在你身側，並且於召喚牠之後，立即返回定點，這個訓練對你們彼此都非常重要。因為現實生活難免會有些突發狀況：周邊其他狗狗可能沒繫牽繩、闖入的陌生人、前方忽然出現某種失控的動物……在這些狀況下，你可能會希望小傢伙待在身邊，掌控牠的動靜，以免發生意外。

如68-69頁之建議，在初期的隨行訓練，以食物獎勵作為誘因，吸引幼犬待在你的身側，至於下一階段，則是教導牠「隨行」（Heel）指令所代表的含意。

首先，讓幼犬待在你的左側，手上拿一塊香噴噴的零食點心，引誘小傢伙待在你的左腿旁，並喊出牠的名字，藉此吸引牠的注意力，一旦幼犬將全副精神轉移到你身上，在第一時間下達「來這兒」（Here）

的指令，同時左手也再拿出一塊零食，位置當然要顯眼一點，吊一吊小傢伙的胃口，讓牠內心充滿渴望，想要更靠近你，才能滿足自己的口腹之慾。盡量注意自己的腳步，如果太快，小傢伙可能會跟不上。

一旦幼犬走到你想要的定點，即刻喊出「隨行」這個字眼，走幾步之後再停下，並拿出零食作為獎勵，藉此讓小傢伙將這個聲音指令和牠所處的位置聯想在一起。剛開始練習的時候，如果幼犬落在你身後或小跑步往前衝，千萬不要下達「隨行」指令，因為牠還不熟悉，所以不會乖乖地遵照你的意思返回定點，這樣只會讓牠更混淆，不知道自己該何去何從。最好還是利用狗狗貪吃的天性，以零食作為誘餌，訓練幼犬理解隨行指令所代表的含意，知道你和牠之間相對位置的關係，爾後才能藉由指令，讓牠返回定點。

小心，「幼犬」出沒注意！

當你在遛狗期間，務必要隨時保持警戒，才能應付各種突發狀況，例如幼犬忽然撲到路人身上，或是牠鎖定籬笆底下的一隻貓，忍不住追著對方跑。其他人和動物，特別是貓，可能沒什麼心理準備，無法欣賞這種充滿戲謔的招呼方式！

立即性召回訓練

一旦幼犬已經受過基本召回訓練，在安全密閉的環境中獨處，只要聽到你的呼喚，能夠馬上返回你身邊，接下來就可以進入下一階段的實戰演練，把訓練場地搬到戶外，就算沒有牽繩的指引，也能依照指令，在第一時間回到牠最親愛的主人身邊！

如何讓幼犬學會「來這兒」的指令

1 請一位助手協助，並準備一些幼犬最愛的零食點心，給幼犬一塊，其他則放到口袋裡，讓牠聞一聞，吊一吊牠的胃口。爾後再請助手和小傢伙一起玩，剛開始你們之間的距離不要太遠，大概幾公尺就夠了。

2 當他們玩得正起勁，幼犬的注意力一定會集中在對方身上，這時候你再召回牠。在你呼喚幼犬瞬間，助手也要立即停止遊戲，以降低幼犬對遊戲的興致；同時你也要彎下腰、展開雙臂呈歡迎的姿勢，並佐以鼓勵的口吻，讓小傢伙重新把焦點轉移到你身上。如果有必要，可以再度呼喚牠的名字。

「來這兒」

在解開幼犬牽繩、讓牠自由奔馳之前，為了安全起見，你一定要確保牠對指令的服從性，只要一下指令，小傢伙就要即刻返回你身邊。整個練習的關鍵在於務必要讓幼犬明白，就算周遭的吸引力有多強，不管是和其他人玩遊戲或有狗狗出現，你對牠還是最有助益的！

3 一旦幼犬返回你身邊，一定要好好讚美牠，並奉上一些零食獎品，讓牠記住這種美妙的感覺。爾後再由助手和幼犬重新展開遊戲，反覆上述步驟。

4 為了強化召回反應訓練的成效，最好多花點時間練習，或許可以引入其他幼犬作為遊戲對象，除了彼此互相切磋琢磨之外，練習過程和現實場景也更接近。每次逐漸增加你和幼犬間的距離，如果有必要，再回到上一個階段，縮減一點距離；此外，也要慢慢降低給予零食的頻率，直到以口頭讚美為主，偶爾再搭配幾次食物獎勵，也能具有相同的成效為止。

道路感

刚開始幼犬應該很難適應各種交通狀況，轎車、巴士、貨車、摩托車、腳踏車騎士、火車等形形色色的往來人車，這些對涉世未深的小傢伙而言，就像怒吼的怪獸一般，可能需要一段時間調適，才能慢慢接受這個目前牠所居住的大千世界。

聲音和影像

幼犬必須要習慣道路交通所帶來的衝擊，當你在遛狗時，牠才不會因為往來人車而飽受驚嚇。除了白天之外，連晚上也要帶牠出去，讓牠漸漸習慣各式各樣的交通工具，頭燈刺眼的光線、惱人的噪音、影像、味道等，最好連天氣的因素也考慮在內，不管晴雨都要慢慢適應。

為了安全起見，如果幼犬的體型夠小，剛開始你可以抱著牠，從家裡和花園的安穩天堂邁入喧囂繁忙的花花世界，一起去體驗真實生活的各種情境。

當你們走在馬路上或散步路線很靠近馬路，一定要用牽繩引導幼犬，以避免牠突然狂奔而引發意外，甚至造成無法挽回的遺憾。

交通恐懼

如果幼犬真的無法適應交通所帶來的衝擊，或許你可以找一條寬廣延伸的馬路，人車稀少，花一點時間和小傢伙坐在路旁，感受一下真實世界的流轉。一旦有車接近，就拿出零食吸引小傢伙的注意力，等車過去之後，再讓幼犬享用。藉由這種方式幼犬會將馬路上往來的人車和噪音連結到正面的經驗，久而久之自然習以為常，見怪不怪。

將心比心

　　從幼犬的角度出發，體會牠的感受，是交通適應訓練能否成功的關鍵。事實上，所有社會化過程的情境適應訓練都是如此。你可以試著想像幼犬的處境，只有這麼一丁點大，沒什麼自我防禦能力，涉世未深的小傢伙又什麼都不懂，在這樣的狀況下，當然要盡量避免一次給予太多的交通情境衝擊，由淺入深，先是短暫的體驗，慢慢地延伸，在潛移默化的過程中，逐漸習慣往來的人車。務必要隨時監控幼犬的狀態，每次只要有什麼狀況，就要拿出零食，並佐以快樂的語調和自信的態度讓牠安心，只要牠把這個經驗視為正面的回憶，小傢伙很快就會模仿你的態度，漠視馬路上繁忙的交通狀況，知道這沒什麼好怕的，每次當車子通過時也會越來越鎮靜，不會再因此而驚慌失措。

最高指導原則

　　就算你通常都以車代步，還是要找個機會帶著幼犬搭乘巴士或火車，一旦需要使用大眾運輸工具，你和牠也不會備感壓力。

171

幼犬初登場！

　　帶小傢伙外出散步，不但可以促進你們之間的關係，也能磨練牠的社交技巧，不過剛開始當然要量力而為，不要走太久，讓小傢伙好好享受這個難得的體驗，也更期待和你相處的美好時光。

幫生活加點料

　　為了讓遛狗過程不致於一成不變，最好多選擇幾條路線，以保持新鮮感和趣味性，你和幼犬才會樂在其中，對外出散步充滿期待。如果你住在狗狗公園附近，或鄰近自然保護區或海灘，可以開車帶小傢伙出去逛逛，也許每週安排一次特別的旅遊行程，邀請家族成員或其他也有飼養幼犬的愛狗人士共襄盛舉。

遛狗傳動裝置

　　外出散步的時候最好一併準備玩具和零食，並融入一些簡短的訓練課程，才不會像例行公事一樣了無新意。除了上述物件，為了以防萬一，也必須隨身攜帶一套基本的人犬急救藥箱和手機，把這些必備品裝在輕質帆布背包裡。此外，幫幼犬善後的糞便清潔袋也很重要，沿路清除小傢伙遺留的便便，才能

保持散步空間的清爽潔淨，避免病菌傳播，而愛犬和飼主也不會被其他的用路人唾罵！

行為良好，舉止合宜

如果在散步途中遇到陌生人或不認識的狗狗，最好幫幼犬繫上牽繩，以免有什麼突發狀況（就算是成犬也是一樣）。你當然知道自家小寶貝友善又溫和，不過其他人並不瞭解牠，要是小傢伙突然衝向對方，對方可能會戒慎恐懼，甚至受到驚嚇。將心比心，尊重其他遛狗人士的用路權，彼此才能優遊自在地和愛犬享受散步的樂趣。

室外潛在危險源

要是路上有水坑或骯髒的池

塘，有些狗狗喜歡飲用裡面的水或四處潑濺；這時候你千萬要嚴格制止小傢伙胡鬧的做法，如果水質遭受汙染，含有化學物質或寄生蟲，可就大事不妙！當某次的遛狗行程需時較久，你可以隨身攜帶一只飲水用碗和一瓶水，以確保水源的安全性。

如果在散步途中，幼犬抵擋不住誘惑，忍不住去品嚐一些不乾淨的東西，像是鳥或其他動物的屍體，甚至糞便等，這時候你千萬不要對牠大聲咆哮，只要藉由遊戲或零食讓小傢伙轉移注意力，慢慢地導引牠離開即可。緊接著盡速移除這些腐肉或不乾淨的東西，以免內含有毒物質。

千萬要牢記，絕對不能允許幼犬去追逐其他家畜；當你們在牛羊四散的田野裡散步，盡量靠著圍籬走，要是有一些過於好奇的個體接近，你們才能直接翻越，把圍籬當成彼此的最後屏障。

訓犬師

幼犬就像蹣跚學步的小嬰兒一樣，充滿了不確定性，有時候甚至會展現獨特的自我意識。就算你竭盡全力，也無法矯正小傢伙的某種異常行為；如果發生這種情況，或許你可以尋求幼犬專家的協助。

師，在你下定決心之前，可能已經嘗試過很多次了，剛開始或許你可以先諮詢同樣也養幼犬的親友，看對方有沒有推薦的人選。此外，也可以諮詢獸醫或培育幼犬的業者。至於報紙上的地方版或網路、寵物雜誌等，也都是很好的管道。

尋求訓犬師的幫忙，並不表示你是個失敗的飼主或做錯了什麼，採用這種方式對你和幼犬雙方都能產生最大的效益，藉此培養出特殊而深厚的伙伴關係。

讓學習過程充滿樂趣

挑選訓犬師的過程就和幫小孩選學校或自己選課一樣，務必要深思熟慮，絕對不可以濫竽充數；對方一定要和你投緣，整個進展才會很順利，而且他必須展現友善和專業的一面，對你和幼犬遭遇的問題充滿興趣，同時也要具備足夠的專業智能和經驗，能夠提升你的訓練技巧，幫助你度過難關。

市面上有很多可供選擇的訓犬

仔細觀察

如果你已經列出了候選名單，接下來再試著一一聯絡對方，說明你的需求，看對方能否提供任何協助。如果有一些善意的回應，再進一步地詢問是否方便帶幼犬一起觀摩正式的訓練課程。一位經驗豐富的訓犬師，理應不會拒絕這個要求，事實上，他應該很樂意接受你的提議，因為這樣他才能深入瞭解

你和幼犬的實際狀況。

訓練過程應該是以獎勵為基礎，態度溫和且非常正面，所有飼主和寵物都能樂在其中；如果你不喜歡對方採用的方式，那就再試試下一家吧！

居家協助

要是你不方便自行前往訓練場地，也有很多提供到府服務的訓犬師，採用現地觀察的方式更能貼近問題核心，對方才能提供最佳建議，幫助你和幼犬取得更和諧的關係。儘管居家協助的收費可能稍微昂貴一點，但一分錢一分貨，你花這筆錢絕對非常值得！

迷失的小傢伙！

儘管沒有飼主會希望發生這種慘劇，但不怕一萬只怕萬一，如果能有些心理準備，一旦調皮搗蛋的小傢伙不幸走失，才能在第一時間做好萬全的準備，讓鍾愛的小寶貝迅速回到自己的懷抱。在事件發生的當下，唯有立即採取補救措施，才能讓這起意外圓滿落幕！

牠可能到哪兒去了？

前一分鐘幼犬還在視野裡面，下一分鐘卻失蹤了，其可能的原因如下：

- 你認為小傢伙應該安穩地待在花園裡，卻有人不小心忘了關上柵欄門，所以牠決定出門展開一場冒險之旅！
- 投機的小偷將目標鎖定待在花園的幼犬，順手牽「狗」，或是碰巧有幼童經過，小傢伙敵不過對方的引誘，跟對方一起跑出去玩。
- 小傢伙剛好卡在某處進退兩難，那個地方剛好在你的視野之外，也聽不到任何動靜，也許是在棚架或是鄰居的花園裡，等著等著牠就睡著了！
- 未結紮的幼犬一旦進入青春期，可能無法控制自己的慾望，所以決定離家出走，尋求交配的機會。

愛犬搜索大作戰！

當你發現幼犬失蹤了，最好先檢查附近的游泳池或池塘，接著再仔細搜索家中房間，以防在你沒有留心之際，小傢伙鑽進屋子裡，心滿意足地窩在角落裡睡著了。然後再快速搜尋自家庭院，如果能取得左鄰右舍的許可，也要逐一檢視對方的庭院，並尋求協助，只要他們一發現幼犬，務必要馬上通知你或將牠交還到你手上。此外，徵召一些可以幫忙的親朋好友，發動地毯式搜索，從住家附近呈放射狀向外擴展；如果小傢伙只是四處徘徊，應該很快就能找到牠的行蹤。

協尋愛犬，請大家幫幫忙！

要是一小時之後你還是找不到幼犬，你可以通知當地的動物收容機構、警察、獸醫院或流浪動物之家，請對方幫你留意是否有迷途的幼犬。最好準備一些傳單，詳述幼犬的特徵，如果可能的話，再附上一張幼犬的近照，並留下自己的連絡方式。在取得鄰居的同意之後，也可以將傳單貼在附近住家的大門或店家，或是在當地的報紙刊登廣告，請善心人士協助，一旦發現自家小寶貝並讓牠平安返家，你將提供優渥的酬謝，希望藉由這種方式，讓這起意外事件能夠快速而圓滿的落幕。

177

我家小寶貝
是天才！

握握手

　　如果幼犬以握手的形式招呼訪客、揮手跟對方告別，絕對會讓親朋好友大吃一驚！儘管這個小把戲非常簡單，卻會給人留下深刻印象。對狗狗而言，伸出腳爪的動作是臣服於對方的一種表示，只要稍加練習，就能很快上手。

如何訓練幼犬「握手」招呼和「揮手」道別

1 讓幼犬坐下（請參閱 70-71 頁），小心地握住牠的腳掌並抬高，在下達「握手」指令的同時，溫柔地上下擺動，然後再以口頭讚美和食物作為獎勵。重覆四到五次。進入一下階段之後，你再將自己的手攤開，掌心朝上，並下達「握手」的指令。只要小傢伙抬起腳掌，你就可以溫柔地捧著並上下擺動。

2 教導幼犬揮手的動作也是要從「握手」開始，不過當牠把腳掌伸出、朝你的方向移動之際，你卻要把手往上舉，讓牠碰不到，這時候小傢伙的腳掌當然會再度向上延伸，試圖碰到你的手。一旦牠做出這個動作，務必要多多讚美牠，也要奉上香噴噴的食物作為獎勵！

3 接下來稍微延後打賞的時機，直到牠伸出腳掌試圖碰觸你的手這當中，正巧做出左右搖擺的動作，才能獲得食物獎勵。訓練期間，你可以調整自己手部的高度，但還是不要超過一定限度，否則小傢伙太過勉強，只能放下腳掌，讓身體重新取得平衡。一旦幼犬準確地做出揮手的動作，再下達「揮手」（Wave）的指令。

「找出來」（Find It）

幼犬非常熱中於取悅自己的主人，我們可以利用這個特點，結合狗狗與生俱來的本能，讓小傢伙找出「獵物」，幫你贏得打獵比賽的冠軍！設計一套簡單的遊戲，指揮小傢伙找出藏匿的標的物，不但為彼此提供極佳的互動式娛樂，也能在遊戲中融入「找出來」（Find）和「尋回」（Fetch）的訓練。

捉迷藏

不管對幼犬還是小朋友而言，捉迷藏都是很令人振奮的遊戲，只要結合這兩股力量，勢必會掀起一陣狂熱的氣氛！剛開始先讓幼犬觀看「標的物」躲藏的位置，並且鼓勵牠將對方找出來。一旦小傢伙順利達成任務，你和小朋友都不要吝於稱讚牠優異的表現。爾後再將難度提高，不要讓幼犬旁觀標的物躲藏的過程，看牠是否還能成功找出所有的小朋友。然而在遊戲當中，或許小傢伙還需要一些協助，由小朋友呼喊牠的名字，直到牠能藉由嗅聞追蹤標的物的位置為止。

尋寶遊戲

把食物藏在室內或花園裡，也是一種寓教於樂的方式，藉此讓幼犬學習「找出來」的指令。首先，幼犬必須先嗅聞食物的味道，並讓牠品嚐一小塊，當你藏食物的時候，牠可以在旁觀看，等藏好東西後，再下達「找出來」指令；只要小傢伙順利完成任務，找出的食物和你的讚美就是對牠最大的鼓勵。一旦幼犬已經知道遊戲的訣竅，也能藉由味道追蹤藏食物的地點，爾後再將難度提高，不要讓牠旁觀藏食物的過程，等前置準備工作完成之後，再放牠出來，並下達「找出來」的指令。

如何讓幼犬學會「找出來」的指令

1 鼓勵幼犬去嗅聞一件牠最愛的玩具或零食，然後讓牠在旁觀看你藏匿標的物的過程，最好有部分露出來，至於地點可以是舊毯子、報紙或箱子底下。

2 你和幼犬距離藏東西的地點約一公尺左右，讓牠可以看得到、聞得到，將所有精神集中在標的物上，企圖想要往前走，一把咬出眼前的玩具或食物。這時你要指著標的物，並下達「找出來」（Find/Seek）的指令，接著再放開幼犬，鼓勵牠找出標的物；這當中如果有需要的話，可以一再重覆同樣的指令，直到小傢伙順利達成任務為止。

3 一旦幼犬取得標的物之後，絕對不要吝於付出讚美，同時為了鼓勵小傢伙將東西帶回你身邊，這時候你也要一併下達「尋回」指令（請參與 82-83 頁）。

4 當幼犬已經抓到遊戲的訣竅，爾後再完全掩蓋標的物，並慢慢增加搜尋的距離，同樣也是採取鼓勵的方式要求幼犬找出標的物，藉此磨練牠嗅聞追蹤的技巧。

跳過呼拉圈

幼犬的身軀還在發育伸展，所以沒辦法進行高難度跳躍動作的訓練，儘管如此，一些前置準備的地板動作還是很有趣，只要一個呼拉圈，小傢伙就能躍升為馬戲團裡最閃耀的動物明星！

很棒的遊戲

剛開始先把呼拉圈放在幼犬可及的範圍，看得到、聞得到，習慣呼拉圈在身邊的感覺，這樣牠才不會因為不熟悉而感到害怕；如果小傢伙有點不確定，或許可以在呼拉圈旁放一塊零食，利用狗狗貪吃的天性戰勝恐懼感，把呼拉圈和零食獎品這兩種物件聯想在一起。

經過一、兩天之後，幼犬會將呼拉圈視為家中佈置的一部分，爾後當你和牠相處期間，也要隨身攜帶呼拉圈。同樣地，還是要給幼犬一些零食獎勵，以強化牠對呼拉圈的正面印象，接下來就可以進入實質訓練課程。

如何訓練幼犬「跳過呼拉圈」（Hoop）

1 抓緊呼拉圈靠在地面上，讓幼犬坐在呼拉圈的一側，之後再用一塊香噴噴的美味零食當作誘餌，吸引小傢伙穿越呼拉圈，同時並下達「來這兒」的指令（請參閱 44-45 頁）。

2 當小傢伙通過呼拉圈之際，千萬不要吝於讚美，等牠成功到達另一側，務必要奉上香噴噴的零食獎品。在此期間，一定要保持呼拉圈的穩定，緊緊靠著地面。為了以防萬一，也可以請助手幫忙握住呼拉圈；如果呼拉圈一晃動，可能會嚇到幼犬，讓牠因此而裹足不前，不敢再做嘗試。

3 一再重覆上述步驟，逐漸以口頭獎勵取代零食獎品，除了「來這兒」的指令之外，一併加上「跳過呼拉圈」的指令。一旦幼犬完全掌握遊戲的訣竅之後，先要求牠坐在呼拉圈的一側並稍候片刻（請參閱 70-75 頁），然後你再下達「來這兒，跳過呼拉圈」的指令。經過幾次練習，最後就可以省略「來這兒」的部分，直接用「跳過呼拉圈」指揮小傢伙的行動。

「說話」（Speak）

如果能讓小傢伙開口說話，是不是很炫！你千萬不要小看幼犬，牠可是具備這個潛能，當然牠不可能一字一句地表達自己的想法，但藉由訓練，小傢伙還是可以依照指令發出聲響。這種訓練非常有用，可以在某些場合派上用場，至少親朋好友們就會因為這隻「會說話」的狗狗而驚嘆不已！

說話真好

這個訓練的關鍵在於讓幼犬依照指令做出吠叫的動作，看起來就像「說話」的感覺。某些犬種比較喜歡吠叫，所以很容易上手，特別是一些善於吠叫的高手，像是梗犬（傑克羅素犬）、工作犬（紐芬蘭犬）、功能犬（貴賓犬）以及參雜梗犬血統的混種。

最高指導原則

你必須讓幼犬知道吠叫的起訖點為何，什麼時候開始、又在什麼時候該結束；也必須讓牠清楚地瞭解，如果沒有得到許可卻亂吠，這樣也不會得到任何的獎勵。

教導幼犬「安靜」的指令，作為終止吠叫的訊號。不管何時，只要幼犬停止亂吠的動作，隨即要給予食物作為獎勵，同時並下達「安靜」指令，讓牠知道這個字眼代表的含意。爾後再慢慢省略食物獎品，單獨使用口頭讚美作為正向回饋。你甚至可以用視覺信號取代口頭指令，讓小傢伙遵照你的動作，乖乖閉嘴！

如何訓練幼犬「說話」

1 要求幼犬坐下（請參閱 70-75 頁），站在牠身邊，手上拿著牠最愛的玩具或零食，位置差不多在幼犬頭頂上，來回擺動手上的物件，以興奮的語調對著牠說話，藉此吸引小傢伙的注意，同時並下達「說話」的指令。

2 當幼犬開始發出聲響，不管是吠叫還是嚎叫，只要嘴唇一有動作或有任何興奮的表示，隨即要給小傢伙一些口頭讚美或你手上牠想要的標的物。一再反覆上述步驟，當牠的反應逐漸加強之際，才能給予幼犬應得的獎勵。

3 逐漸強化幼犬對「說話」指令的反應程度和效率，直到牠能依據口頭指令，立即發出聲響，做出正確的回應為止。接下來再進入視覺信號的訓練，例如把一隻手指頭放在嘴唇上或點頭的動作，慢慢用這些信號取代口頭指令，到最後就算沒有使用口頭指令，單獨發出視覺信號，小傢伙也會乖乖地「開口說話」！

幼犬小學堂
Puppy的飼養與訓練

作　　者	卡洛琳‧戴維斯（Caroline Davis）
譯　　者	陳印純
發 行 人	林敬彬
主　　編	楊安瑜
編　　輯	李彥蓉
內頁編排	帛格有限公司
封面設計	帛格有限公司
出　　版	大都會文化事業有限公司　行政院新聞局北市業字第 89 號
發　　行	大都會文化事業有限公司
	11051 台北市信義區基隆路一段 432 號 4 樓之 9
	讀者服務專線：（02）27235216
	讀者服務傳真：（02）27235220
	電子郵件信箱：metro@ms21.hinet.net
	網　　　　址：www.metrobook.com.tw
郵政劃撥	14050529 大都會文化事業有限公司
出版日期	2010 年 9 月初版一刷
定　　價	250 元
I S B N	978-986-6846-98-4
書　　號	Pets-020

Metropolitan Culture Enterprise Co., Ltd.
4F-9, Double Hero Bldg., 432, Keelung Rd., Sec. 1,
Taipei 11051, Taiwan
Tel:+886-2-2723-5216　Fax:+886-2-2723-5220
Web-site:www.metrobook.com.tw
E-mail:metro@ms21.hinet.net

First published in 2009 under the title Puppy taming
by Hamlyn, part of Octopus Publishing Group Ltd.
2-4 Heron Quays, Docklands, London E14 4JP
© 2009 Octopus Publishing Group Ltd.
All rights reserved.

Chinese translation copyright © 2010 by Metropolitan Culture Enterprise Co., Ltd.
Published by arrangement with Octopus Publishing Group Ltd.

大都會文化
METROPOLITAN CULTURE

國家圖書館出版品預行編目資料

幼犬小學堂：Puppy 的飼養與訓練 / 卡洛琳‧戴維斯
（Caroline Davis）著；陳印純 譯 .
　　-- 初版 . -- 臺北市：大都會文化 , 2010.09
　　面；　公分 . -- (Pets; 20)

ISBN 978-986-6846-98-4（平裝）
1. 犬　2. 寵物飼養

437.354　　　　　　　　　　　　99014688

幼犬小學堂
Puppy的飼養與訓練

北 區 郵 政 管 理 局
登記證北台字第9125號
免 貼 郵 票

大都會文化事業有限公司

讀 者 服 務 部　　　收

11051台北市基隆路一段432號4樓之9

寄回這張服務卡〔免貼郵票〕
您可以：
◎不定期收到最新出版訊息
◎參加各項回饋優惠活動

大都會文化　讀者服務卡

書名：**幼犬小學堂**——Puppy的飼養與訓練

謝謝您選擇了這本書！期待您的支持與建議，讓我們能有更多聯繫與互動的機會。

A. 您在何時購得本書：_____年_____月_____日

B. 您在何處購得本書：_____書店，位於_____(市、縣)

C. 您從哪裡得知本書的消息：
　　1.□書店　2.□報章雜誌　3.□電台活動　4.□網路資訊
　　5.□書籤宣傳品等　6.□親友介紹　7.□書評　8.□其他

D. 您購買本書的動機：（可複選）
　　1.□對主題或內容感興趣　2.□工作需要　3.□生活需要
　　4.□自我進修　5.□內容為流行熱門話題　6.□其他

E. 您最喜歡本書的：（可複選）
　　1.□內容題材　2.□字體大小　3.□翻譯文筆　4.□封面　5.□編排方式　6.□其他

F. 您認為本書的封面：1.□非常出色　2.□普通　3.□毫不起眼　4.□其他

G. 您認為本書的編排：1.□非常出色　2.□普通　3.□毫不起眼　4.□其他

H. 您通常以哪些方式購書：(可複選)
　　1.□逛書店　2.□書展　3.□劃撥郵購　4.□團體訂購　5.□網路購書　6.□其他

I. 您希望我們出版哪類書籍：（可複選）
　　1.□旅遊　2.□流行文化　3.□生活休閒　4.□美容保養　5.□散文小品
　　6.□科學新知　7.□藝術音樂　8.□致富理財　9.□工商企管　10.□科幻推理
　　11.□史哲類　12.□勵志傳記　13.□電影小說　14.□語言學習（_____語　）
　　15.□幽默諧趣　16.□其他

J. 您對本書(系)的建議：
_____

K. 您對本出版社的建議：
_____

讀者小檔案

姓名：_____　性別：□男　□女　生日：____年____月____日

年齡：□20歲以下 □21～30歲 □31～40歲　□41～50歲 □51歲以上

職業：1.□學生 2.□軍公教 3.□大眾傳播 4.□服務業 5.□金融業 6.□製造業
　　　7.□資訊業 8.□自由業 9.□家管 10.□退休 11.□其他

學歷：□國小或以下 □國中 □高中／高職 □大學／大專 □研究所以上

通訊地址：_____

電話：（H）_____（O）_____傳真：_____

行動電話：_____　E-Mail：_____

◎謝謝您購買本書，也歡迎您加入我們的會員，請上大都會文化網站 www.metrobook.com.tw
登錄您的資料。您將不定期收到最新圖書優惠資訊和電子報。